昭通市
第三次全国农作物种质资源普查与征集工作报告

《昭通市第三次全国农作物种质资源普查与征集工作报告》编写组 编

中国农业科学技术出版社

图书在版编目（CIP）数据

昭通市第三次全国农作物种质资源普查与征集工作报告 / 昭通市第三次全国农作物种质资源普查与征集工作报告编写组编 . -- 北京：中国农业科学技术出版社，2022.7

ISBN 978-7-5116-5780-0

Ⅰ. ①昭…　Ⅱ. ①昭…　Ⅲ. ①作物－种质资源－普查－工作报告－昭通 ②作物－种质资源－收集－工作报告－昭通　Ⅳ. ① S324

中国版本图书馆 CIP 数据核字（2022）第 095595 号

责任编辑　金　迪
责任校对　马广洋
责任印制　姜义伟　王思文

出 版 者　中国农业科学技术出版社
北京市中关村南大街 12 号　　邮编：100081
电　　话　（010）82106638（编辑室）（010）82109702（发行部）
（010）82109709（读者服务部）
网　　址　http://www.castp.cn
经 销 者　各地新华书店
印 刷 者　北京建宏印刷有限公司
开　　本　170 mm × 240 mm　1/16
印　　张　5
字　　数　70 千字
版　　次　2022 年 7 月第 1 版　2022 年 7 月第 1 次印刷
定　　价　68.00 元

《昭通市第三次全国农作物种质资源普查与征集工作报告》

编写人员

主　编： 阮荣辉

副主编： 王昌琴　吴炳献　柯昌明　熊世安　杨　波　吕大荣

编　者： 李才荣　谢　菲　杨　皕　李兴伟　李星宇　姚明春　田太宾　董阳均　邓昌林　叶　珩　王相权　朱　勇　陈金鹏　张　笑　姚　梅　许正飞　常履碧　余其灿　徐祯波　周乐曦　陶捌塘　赖　毅　黄毅梅　王菊梅　王　芳　杨代芬　王　磊　陆　睿　徐道楠　王仁雄　王芩飞　赵鄞申　胡　洋　胡明荣　聂正辉　王仁雄　范贤超　康祝科　刘启敏　戴闻春　王昌勇　郭龙聪　杨成彩　谢大荣　罗光琼

前言 >>> PREFACE

农业种质资源是保障国家粮食安全和重要农产品有效供给的战略性资源，是农业科技原始创新与现代种业发展的物质基础。党中央提出要立志打一场种业翻身仗，实施种业振兴行动。加强种质资源保护利用、实现种源自主可控是打好打赢种业翻身仗的基础和前提，开展资源普查、摸清资源家底，对于把牢种业科技主动权具有十分重要而深远的历史意义和现实意义。

2019 年，党中央、国务院作出了加强农业种质资源保护与利用的重大决策部署，云南省委、省政府随即部署。农业农村部和云南省农业农村厅相继出台文件，安排第三次全国农作物种质资源普查与收集行动工作。昭通市闻令而动，及时制定实施方案、成立领导机构、组建工作专班、落实工作经费。市委、市政府高位推动，昭通市农业农村局强化指导，云南农垦昭通农业投资有限责任公司、10 个县市农业农村局具体实施，2020 年 5 月启动工作，2021 年 7 月全面完成。

本次农作物种质资源普查与收集，以 1956 年、1981 年、2014 年为历史脉络，采取实地调查、调阅档案、实物映照、专家论证等方式，对粮经、果蔬、牧草等作物古老地方品种开展全面普查、重要作物野生近缘植物基本信息进行系统收集。在全面普查基础上，对古老、珍稀、特有、名优作物地方品种和野生近缘植物种质资源开展了征集，对部分古老地方品种、种植年代久远育成品种、重要作物野生近缘植物以及其他珍稀、濒危作物野生近缘植物种质资源开展抢救性收集。

为全面总结和切实反映工作成果，组织编写了《昭通市第三次全国农作物种质资源普查与征集工作报告》（简称《报告》），旨在为党委政府布阵种业翻身仗、推进种业振兴献计献策，为种业科技、种质资源保护与开发利用提供文献参考。《报告》分为工作任务、完成情况、主要做法、困难问题、意见建议5个部分，记载昭通市开展全国第三次农作物种质资源普查与征集工作的全过程，汇集1956年、1981年、2014年三个不同历史时期昭通全市和10县市（未含昭阳区）的经济社会、农业生产、种质资源概况，总结昭通市农作物种质资源征集工作开展情况，介绍“一库两圃”（昭通市农业科学院种质资源库、昭通市农业科学院种质资源圃、昭通市苹果产业发展中心苹果种质资源圃）种质资源收集利用情况，反映种质资源开发利用情况及成果，分析种质资源保护与开发利用存在问题并提出对策建议。

编者

2022年4月

目 录 >>> CONTENTS

1 工作任务

1.1　农作物种质资源普查与征集

对昭通市10个县（市）的农作物种质资源进行全面普查，于2020年底前完成普查任务。工作内容包括：查清粮食、经济、蔬菜、果树、牧草等栽培作物古老地方品种的分布范围、主要特性及农民认知等基本情况；重要作物的野生近缘植物种类、地理分布、生态环境和濒危状况等重要信息；各类作物的种植历史、栽培制度、品种更替、社会经济和环境变化、种质资源种类、分布、多样性及其消长状况等基本信息。填写《第三次全国农作物种质资源普查与收集行动普查表》。在此基础上，计划征集古老、珍稀、特有、名优的作物地方品种和野生近缘植物种质资源200～300份。填写《第三次全国农作物种质资源普查与收集行动征集表》。

1.2　农作物种质资源系统调查和抢救性收集

在普查基础上，选择3个农作物种质资源丰富的县进行各类作物种质资源的系统调查，抢救性收集各类栽培作物的古老地方品种、种植年代久远的育成品种、重要作物的野生近缘植物以及其他珍稀、濒危作物野生近缘植物的种质资源240～300份。填写《第三次全国农作物种质资源普查与收集行动调查表》。

2

完成情况

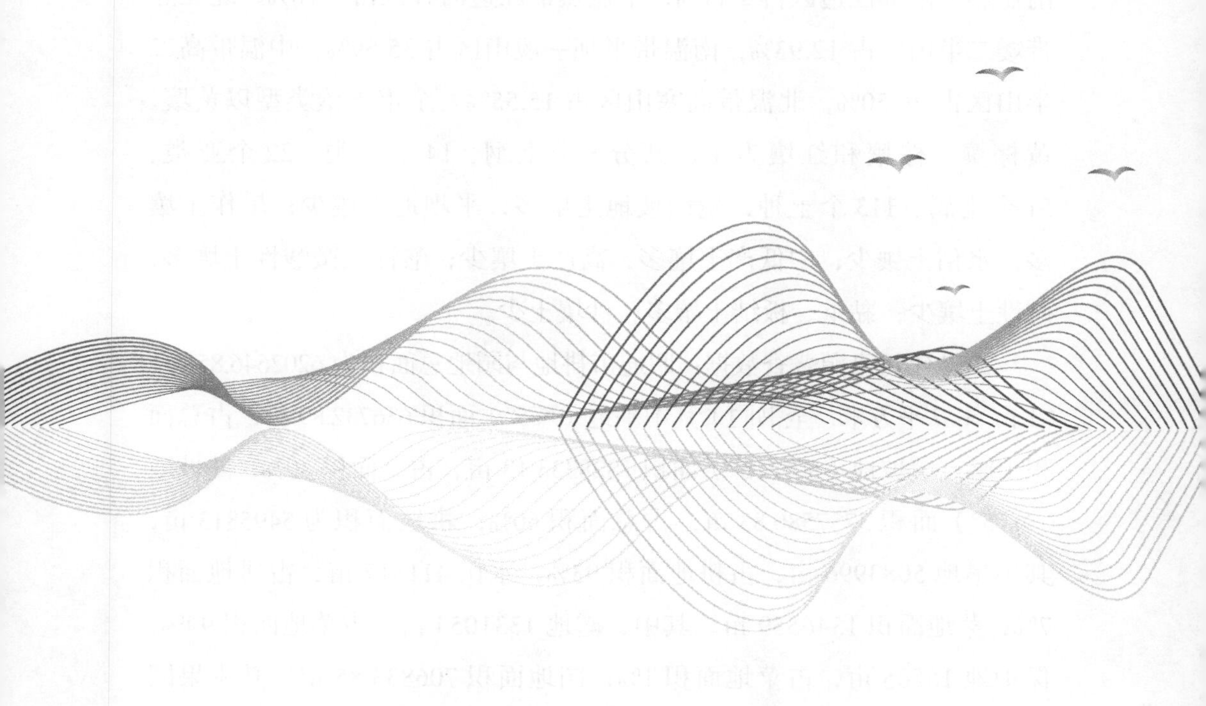

2.1 昭通市农业概况

昭通市位于云南省东北部，金沙江下游，滇、川、黔三省接合部。地理坐标在东经 102°52′～105°18′、北纬 26°18′～28°40′，全市辖 10 县 1 区，总面积 2.3 万平方千米。整个地势由于受乌蒙山脉和五莲山脉以及江河深切割，形成陡峻峡谷，西南高、东北低，北部最低海拔水富县滚坎坝 267 米，南部最高海拔巧家县药山 4040 米，相对高差 3773 米。大于 1 平方千米的连片坝冲 77 个，面积 1141.94 平方千米，占土地面积 5.09%，其中，大于 20 平方千米的坝冲面积 889.58 平方千米，其余 94.01% 是山地或深丘地区。由于水平位置和垂直高度的差异，构成境内地形复杂，气候多变，具有明显的立体气候、立体农业的特点。全区划为“6 层 12 块”自然气候类型区，在土地总面积中，南亚热带南部江边区占 2.17%，中亚热带江边河谷区占 7.16%，北亚热带矮二半山区占 12.93%，南温带平坝一般山区占 35.69%，中温带高二半山区占 26.50%，北温带高寒山区占 15.55%。全市土壤类型以黄壤、黄棕壤、棕壤和红壤为主，共分 8 个土纲、14 个土类、22 个亚类、51 个土属、113 个土种，境内坡地土壤多，平坝地土壤少；旱作土壤多，水稻土壤少；中低产土壤多，高产土壤少；酸性、微酸性土壤多，碱性土壤少；黏重、板结土壤多；沙壤土少。

2017 年污染源普查数据：昭通市耕地与园地总面积为 6202646.85 亩，（1 亩≈667 平方米，全书同）其中平地（≤5°）面积 636732.89 亩，占总面积 10%，缓坡地（5°～15°）面积 1828333.13 亩，占总面积 30%，陡坡地（＞15°）面积 3737580.83 亩，占总面积 60%；耕地面积为 5495813 亩，其中旱地 5083996 亩，占耕地面积 93%，水田 411817 亩，占耕地面积 7%；菜地面积 1346559 亩，其中，露地 1331054 亩，占菜地面积 99%，保护地 15505 亩，占菜地面积 1%；园地面积 706833.85 亩，其中果园

504923.05亩，占园地面积71%，茶园97852.5亩，占园地面积14%，桑园32600亩，占园地面积5%，其他71458.3亩，占园地面积10%；全市农作物播种面积11563782.55亩，其中粮食播种面积7972240亩，占播种面积69%，经济作物播种面积1707165.5亩，占播种面积14.8%，蔬菜1346559亩，占播种面积11.6%，瓜果播种面积13817亩，占播种面积0.1%，果园524001.05亩，占播种面积4.5%；全市主要粮食作物总产量4245923.46吨，其中水稻192468.65吨，小麦61198.4吨，玉米1195940.03吨，马铃薯2796316.38吨（鲜薯）。农、林、牧、副、渔五业俱全，粮、棉、油、麻、丝、茶、糖、菜、烟、果、药、杂12项都能生产，主要粮食作物玉米、马铃薯、水稻、小麦全市均有种植。玉米在昭通市种植面积方面占第一位，分布从江边、河谷、矮二半山区、平坝、一般山区及高二半山区，均有不同品种的玉米种植，覆盖了亚热带、南温带、中温带等5个自然类型区；马铃薯种植以大春种植为主，小春及晚秋栽培面积小、产量低，以温带气候类型区的平坝、一般山区、高二半山区、高寒山区种植面积大、单产高，亚热带气候类型区的江边、河谷、矮二半山区种植面积小、单产低，种植面积仅次于玉米；全市11个县区均有水稻种植，海拔从267米的水富县滚坎坝到2250米的鲁甸县水磨铁厂，覆盖了南亚热带、中亚热带、北亚热带、南温带及部分中温带5个气候类型区，主要为种植一季的中稻，种植面积居第四位；小麦在昭通市粮食作物生产中占有重要位置，种植面积居第三位，广泛分布于亚热带及南温带气候类型区。昭通市立体气候显著，在经济作物种植上，不同的气候类型区都有与之相适应的主要经济作物种植，因而种类多、规模大小不一、分布广泛，从整体来看昭通市主要种植的经济作物有烤烟、水果、茶和甘蔗等，水果11个县区均有种植，由于特殊的地理环境和明显的立体气候特点，全境6个气候类型区都有与之相适应的水果生产，不仅各种水果资源丰富、种类多、分布广泛，而且野生水果和资源也多。茶和甘蔗主要分布在亚热带和南温带气温较高的县有一定量的种植规模，也是这些县主要的经济和财政支柱。

2.2 全市工作总体完成情况

2.2.1 成立市级普查机构

2020 年 5 月 22 日，根据国家、省级安排部署和工作要求，昭通市农业农村局办公室关于印发《昭通市第三次全国农作物种质资源普查与收集行动实施方案》，成立了以分管副局长为组长、昭通市农业科学院院长为副组长，相关科室负责人和市种子站主要领导为成员的昭通市第三次全国农作物种质资源普查与收集行动工作领导小组，下设办公室在市农业农村局种植业与农药管理科，主要负责普查与收集行动的组织实施和日常管理，各县（市）也成立了相应工作机构。

2.2.2 建立健全了普查协作联动工作机制

为让全市种质资源普查与征集工作能信息畅通、及时高效准确地传达和掌握普查与征集工作的要求、动态和问题，建立了市、县联系人对接协作联动工作机制，具体做法如下：一是让各县（市）种子管理站负责人与市种子管理站分管领导对接，形成“省、市、县”三级对接联动机制。二是市级联系人做到每个星期与省和县的联系不少于两次，及时了解掌握省和县的动态情况，对省里有新的要求、变化等信息要第一时间反馈到对应的市、县负责人和联系人。三是对县区反馈的疑问，及时加以解答，对不能解答的问题要登记并及时与省里联系老师进行反馈，寻求解答并对还不能解答的问题梳理归档。四是督促、指导各县区制定普查方案并进行审查。

2.2.3 科学制定普查实施方案

根据省的普查与征集方案，结合昭通市实际，编制了市级普查与征集实施方案，于2020年5月中旬完成方案并下发各县区进行学习，明确了目标任务、技术路线、部门分工、时间节点等具体内容。2020年9月确定了由昭通市种子管理站负责对全市农作物种质资源普查与收集工作进行监督管理，督促各普查县（市）开展农作物种质资源的全面普查和征集。

2.2.4 经费落实情况

依据《第三次全国农作物种质资源普查与收集资金管理暂行办法（2015年）》的要求，为保障昭通市普查工作顺利开展，于2020年9月4日下发了《昭通市农业农村局关于切实做好第三次全国农作物种质资源普查与征集的通知》，明确了各任务县（市）种子管理机构与“云南农垦昭通农业投资发展有限责任公司”签订合作协议后，开具行政事业单位来往收款收据，从农投公司分年度分别拨付了4.7万元和2.7万元的农作物种质资源普查与征集工作经费，确保了项目县（市）工作的顺利开展。

2.2.5 开展普查与征集工作

充分发挥“三级联动”机制的作用和充分利用标签通知方便、快捷、高效的优势作用及时解决县区遇到的问题和困难，针对一些重要的要求和问题我们以文件的形式《昭通市农业农村局关于切实做好第三次全国农作物种质资源普查与征集的通知》明确告知各县现阶段要干哪些工作，不同普查任务工作的区别是什么，一一罗列并明确无误告知县区如何干，怎样干。

2.2.6 建立、健全电子档案

由于工作任务重，只建立了电子档案，分为上级部门文件档案和市级按文件、通知、方案、便笺通知、培训、两员名单、市县联系人名单、经费预算请示、图片资料等进行分类保存建档。

2.2.7 普查与征集工作完成情况

（1）普查、征集工作。昭通市至2021年7月26日，10个任务县（市）全部完成了普查、征集工作任务。

（2）普查工作开展情况。开展3个年度普查表填报的工作任务的鲁甸、巧家、镇雄、彝良、威信、盐津、大关、永善、绥江和水富十个县市，现已全部按照省里的反馈意见完成了修改完善和上报工作，根据对各县（市）普查数据的分析和研究，对昭通农业生产发展的阶段历程及农作物品种更迭情况有了较为清晰的了解与掌握。过去一个时期，昭通市在农作物新品种培育上取得了一定成效，全市推广农作物良种4383.92万亩；其中推广杂交玉米良种1535.98万亩、杂交水稻良种148.81万亩、马铃薯良种1336.21万亩（脱毒马铃薯良种1037.93万亩）、小麦良种263.95万亩；完成杂交玉米制种2.25万亩、杂交水稻制种0.65万亩、脱毒种薯扩繁87.86万亩；育成杂交玉米品种28个、引进农作物新品种56个；品种更新换代面积283.30万亩（杂交玉米217.8万亩，水稻32万亩，小麦33.5万亩）；玉米、水稻、小麦良种覆盖率分别达到了97.39%、95.08%、88.51%。按照1956年、1981年、2014年3个普查时间段进行统计。

第一阶段。1956年全市普查基本情况及农业生产情况。全市区域总面积19830.446平方千米、耕地面积544.0801万亩、草场615.0978万亩，林地1255.2763万亩，湿地34.662万亩，水域84.109万亩。总人口169.848万人，其中农业人口168.756万人。有10余个民族，其中：

汉族162.041万人、回族1.701万人、彝族5.651万人、苗族6.7477万人、壮族0.0578万人、布依族0.0117万人、白族0.2015万人、水族0.0205万人、哈尼族0.0003万人、傈僳族0.0004万人、满族0.004万人、其他民族0.1989万人。全市生产总值16559.4万元；工业总产值1402.34万元、农业总产值11409.81万元、粮食总产值8135.36万元、经济作物总产值658.7万元、畜牧业总产值1775.45万元、水产总产值17.08万元。全市平均人均纯收入为57.523元。农业基础设施薄弱，生产力极度落后，农作物栽培管理粗放，生态环境总体较好。

第二阶段。1981年全市普查基本情况及农业生产情况。全市区域总面积19629平方千米、耕地面积542.1935万亩、草场656.344万亩，林地1046.711万亩，湿地39.604万亩，水域43.9579万亩。总人口296.761万人，其中农业人口281.559万人。有10余个民族，其中：汉族281.698万人、回族3.9216万人、彝族10.264万人、苗族12.047万人、壮族0.0405万人、布依族0.0388万人、白族0.3774万人、水族0.0365万人、侗族0.0016万人、藏族0.0038万人、哈尼族0.0071万人、傈僳族0.0017万人、拉祜族0.0001万人、傣族0.0015万人、阿细族0.0004万人、纳西族0.0002万人、满族0.005万人、其他民族0.0157万人。全市生产总值121783万元；工业总产值23480万元、农业总产值94090.22万元、粮食总产值58611.4万元、经济作物总产值29200.97万元、畜牧业总产值8116.73万元、水产总产值280.594万元。全市平均人均纯收入为228.825元。农业基础设施薄弱，生产力极度落后，农作物栽培管理粗放，生态环境总体较好。

第三阶段。2014年全市普查基本情况及农业生产情况。全市区域总面积19617平方千米、耕地面积558.734万亩、草场620.406万亩，林地1171.256万亩，湿地41.95万亩，水域92.492万亩。总人口492.37万人，其中农业人口281.559万人。有27个民族，其中：汉族461.937万人、回族8.4541万人、彝族18.018万人、苗族19.033万人、壮族0.2059万人、布依族0.3524万人、白族0.7006万人、水族0.0544万人、侗族0.0058万人、藏族0.0003万人、哈尼族0.062万人、土家族0.013万人、傈僳族0.0037万人、拉祜族0.0048万人、傣族0.0146万人、纳西族0.0009万人、佤族0.0006万人、景颇族0.0005万人、瑶族0.0008万人、阿昌族0.0002万人、怒族0.0004万人、独龙族0.0011万人、蒙古族0.0011万人、满族0.0029万人、仡佬族0.0218万人。全市生产总值4132211万元；工业总产值2494083万元、农业总产值1565335.04万元、粮食总产值463682.09万元、经济作物总产值302433.35万元、畜牧业总产值781969.1万元、水产总产值18776.5万元。全市平均人均纯收入为7665.22元。农业基础设施较为薄弱，生产力得到提高但生态环境总体质量下降。

（3）征集工作开展情况。目前我市征集样品数为鲁甸县47个、巧家县44个、永善县64个、绥江县36个、水富市39个、大关县36个、威信县35个、盐津县35个、镇雄县40个、彝良县38个，共计414个。我市全部10个任务县（市）的征集样品数达到或超过了原来下达的任务数，征集表已全部完成了审核报送工作。

（4）昭通种质资源收集利用情况。主要包括种质资源库和种质资源圃的发展情况。

一是种质资源库。昭通市农业科学院种质资源库始建于2013年，位于昭通市农业科学院永丰基地，共两层，土建部分单层占地面积348平方米，种质资源库总耗电量100千瓦，由3个保鲜库、2个中短期库、1个长期库、1个种子烘干间和1个准备间组成。种质资源库目前保存玉米、水稻、辣椒各类种质改良穗行材料、高代系、早代系材料核心种质资源2046份，冷库满负荷运行，可保存种质资源4万份以上。为规范昭通市农业科学院所开展的种质资源收集、管理、保存等工作，2017年参照国家及云南省有关种质资源收集、保存方面的技术要求及规程，制定了《昭通市农业科学院农业种质资源收集保存工作管理办法》《昭通市农科院种质资源收集保存管理技术规范》《昭通市农作物种质资源收集保存技术方案》等管理制度，规定了种质资源的采集、样本和资料整理、有性繁殖资源保存、无性繁殖资源保存方面的技术要求。规定了不同入库资源的保存数量、繁殖时间间隔等技术要求。为了确保资源库的良好运行和管理，由昭通市农业科学院院领导及涉及的各作物专业技术人员16人共同组建种质资源研究开发利用课题组。截至目前，种质资源库入库保存的粮经作物种质资源共计2046份。这些作物种质资源按植物学分类，包括：蓼科荞麦属54种；禾本科稻属129种，禾本科高粱属3种，禾本科燕麦属6种，禾本科狗尾草属4种，禾本科玉蜀黍属1479种，禾本科小麦属114种；唇形科紫苏属3种；藜科藜属14种；苋科苋属11种；茄科辣椒属147种，茄科茄属2种；葫芦科黄瓜属10种，葫芦科南瓜属49种；伞形花科胡萝卜属2种，十字花科芸薹属6种；豆科豇豆属6种，豆科大豆属6种。按照用途分类包含粮食作物中的小麦、水稻、玉米，小杂粮里面的荞麦、燕麦、大豆、豇豆、高粱、藜麦、苏子等。包含经济作物中的辣椒、黄瓜、南瓜、茄子、胡萝卜、苋菜、青菜等。

二是种质资源圃。昭通市农业科学院种质资源圃分为5个部分，其中4部分位于科研实验生产基地内。①永丰基地圃。位于昭阳区绿荫，基地内有集组培扩繁生物技术、水肥一体化工程技术、物联网远程监测自动控制信息技术配套的国内先进雾化大棚2个，有试验示范温网室13000平方米，有仓库1500平方米，耕地170亩。②飞机场基地圃。位于昭阳区太平，基地内有仓库300平方米，有耕地面积70亩。③大山包基地圃。位于昭阳区大山包，基地内有仓库800平方米，耕地30亩。④种质资源加代繁殖圃。位于海南省三亚崖州，基地内有仓库50平方米，有耕地面积30亩，主要用于种质资源的加代繁殖。⑤组培圃。位于昭阳区金贸街96号，组培楼1楼有仓库200平方米，5楼有光照培养室4个，总面积500平方米，如果按照每份资源保存5瓶计算，满负荷的情况下可以同时保存种质资源1.4万份。种质资源圃的管理要求按照种质资源库管理文件执行。截至目前，资源圃共收集保存种质资源510份，其中马铃薯种质资源456份，中药材种质资源43份，蓝莓种质资源8份，魔芋种质资源3份：①马铃薯资源圃共收集保存马铃薯种质资源456份，其中286份以组培苗的形式保存在组培楼的光照培养室，320份以块茎保存在大山包基地圃，136份以块茎保存在永丰基地圃；②中药材资源圃共收集保存中药材种质资源43份，其中5份以组培苗的形式保存在组培楼的光照培养室，21份以活体等形式保存在大山包基地圃，36份以活体等形式保存在永丰基地圃；③蓝莓资源圃共收集保存蓝莓种质资源8份，其中8份以组培苗的形式保存在组培楼的光照培养室，8份以活体植株保存在永丰基地圃；④魔芋资源圃共收集保存魔芋种质资源3份，全部以块茎形式保存在飞机场基地圃。昭通市苹果产业发展中心苹果种质资源圃，共分4个地块，总面积约18.07亩，其中1号地占地面积约3.1亩、2号地占地4.04亩、5号地占地3.28亩、8号地占地7.65亩。资源圃于2016年10月投入建设，2017年3月第一批种质资源开始种植，后期不断收集资源，截至2021年9月共收集保存种质资源118份（本地地方品种3份、野生苹果属资源3份、引进品种资源112份）。本地种质资源收集：2015—2017年在昭通苹果种植区进行苹果资源调查，共收集到本地地方资源品种3份，采集无病毒苹果品种枝条，于春季嫁接于砧木上后种植于资源圃内，砧木主要选用本地野生苹果属种子繁育的种苗。2019—2020年采集到野生海棠资源3份。外地种质资源收集：从省外或市外引进表现好的苹果种质资源112份，引进品种苗木或枝条，引进的苗木主要是矮化中间砧苗木，引进的枝条嫁接于本地野生苹果属实生苗后种植。保存主要采用的是田间活体保存的方法，每份种质保存3～10株。

（5）种质资源开发利用情况及成果。十三五期间昭通市农业科学院审定和登记农作物新品种15个，其中杂交玉米品种5个、水稻品种2个、马铃薯品种3个、蔬菜品种5个，2021年10月依靠市内野生猕猴桃种质资源，通过多年精心选育的5个猕猴桃新品种（恩宏1～5号）通过了省级审定登记。申请保护玉米杂交品种1个、玉米自交系2个。目前在试新品种（系）15个，其中玉米4个（昭黄24号2020年完成国家西南区试的第一轮试验、排名前三）、马铃薯5个、蔬菜5个、荞麦1个。自育新品种中，玉米品种“昭黄24号”于2020年省审后已委托云南滇玉种业进行推广转化。马铃薯品种“昭薯6号”“昭薯8号”“昭薯9号”已在全市春冬作区多点示范，多个蔬菜品种已通过生产主体扩大示范，水稻两个品种目前是昭鲁坝区的主要推广品种（其中优质稻“昭粳13”在昭阳、鲁甸示范面积达5000亩以上，被云南金瑞种业引到西双版纳进行优质米开发，种植面积为5000亩，下一步将在水富县培育主体进行开发），为昭通增粮目标的实现打下了坚实的基础。

第一，围绕粮食作物开展种质资源改良创新与品种选育成效显现。一是围绕四倍体、二倍体马铃薯育种工作，开展马铃薯一年多季新品种选育，完成了2021年早春、大春、秋季三季播种及数据收集；筛选出15份马铃薯彩色育种资源，其中1份参加了2021年省区试联盟，在昭通、文山等地表现优秀；开展高代品系评价，从152份材料中，选择出5份较好的材料，在7个县区开展了12个高代品系的多点评价试验；承担省级区试联盟的4组区试试验，推荐5个品系参加；开展2021批次实生籽播种，用于下一轮的选育工作；引进诱导材料，建立二倍体马铃薯孤雌生殖诱导方法，为二倍体马铃薯育种奠定坚实基础；对二倍体野生资源进行自交性状评价，发现自交后代群体性状统一，自交结实性好，具有较大的潜在利用价值；对54份二倍体材料进行了田间评价，初步构架起二倍体育种资源。二是围绕玉米实施一年两季核心育种工作2项，开展材料的创新改良，加代稳定，亲本繁种，

DUS性状采集，杂交种及报审种子的配置等工作；开展测交及优势组合的一、二、三级多点测试工作4项，分别在昭阳永丰、鲁甸龙树、全省各地州等开展多点测试工作；开展品种审定的联合体试验工作，为品种的审定奠定基础；为了配合开展好育种工作，同时设立原种扩繁、品种检测、自交系及品种保护3项与玉米育种相关的检测及亲繁试验工作。三是围绕水稻开展材料选育及种质资源收集，开展优质常规粳稻的材料改良、加代稳定、新品种新组合引试及多点测试等工作。四是围绕杂粮豆类开展豌豆的省区试验及品种示范，小麦省区试验及示范试验课题2项，开展苦荞优良高代品系选育。

第二，围绕特色经济作物开展新品种选育成绩喜人。一是叶菜类蔬菜育种成效显著。自主选育的“昭芥1号”“昭芥2号”“昭芥3号”“昭青1号”“昭青2号”5个芥菜品种通过省种子管理站品种审定，实现了昭通叶菜类特色品种自主品种零的突破。目前正在昭阳、鲁甸、大关、镇雄、永善、威信等县区开展小面积示范。二是猕猴桃新品种选育实现重大突破。与威信家银种植专业合作社联合开展“恩宏1号”“恩宏2号”“恩宏3号”“恩宏4号”“恩宏5号”5个优良野生猕猴桃驯化选育工作，通过省种子管理站品种审定，开创了云南省野生猕猴桃新品种选育的先例，实现了昭通猕猴桃自主品种零的突破，为全市猕猴桃品种改良奠定了坚实基础。三是开展辣椒亲本资源扩繁及优势组合繁种。2021年扩繁优秀辣椒组合的亲本资源3个，同时对2个优秀组合进行试制种，收到优秀辣椒组合1个，成功扩繁亲本资源1个。四是开展南瓜地方品种提纯复壮和“寸金1号”黄瓜品种繁种示范。对从各县区收集的65份南瓜地方品种进行提纯复壮工作；完成“寸金1号”黄瓜品种繁种工作，在大关天星开展小面积示范，亩产2200千克，较当地农户自留种亩增产250千克。

第三，有序推进昭通道地中药材资源收集、选育及良种繁育体系构建。一是昭通半夏野生资源收集筛选。累计筛选采集179份半夏野生资源入圃保存，并为158份资源成功进行人工繁殖，编制《昭通野生半夏资源收集汇编》1部。二是半夏优良株系无性系培育优化试验。通过对比不同生态区域资源的生长情况及资源的适应性和特异性，筛选了综合表现较好的6个优良株系进行组培诱导培养，最终获得优势资源的无菌组培苗，并完成了组培苗练苗移栽工作。三是半夏生产种扩繁。采用大棚内全基质设施扩繁方式开展半夏原种扩繁。四是半夏良种繁育体系构建。建立半夏三级扩繁体系，完成半夏良种繁育体系全链运行试验，完成昭通半夏育繁技术体系技术报告，预期可为实现生产种规模化扩繁打通关键环节。五是开展优良半夏品系有效成分检测。根据已选育出的优良半夏品系的农艺性状和经济性状进行综合评价，以威宁半夏作为对照种，选出奎阳半夏、小闸半夏、1701和恒底半夏等4个优良品系开展了有效成分检测，按照《中华人民共和国药典》（2020年）标准完成检测。六是开展昭通贝母种源繁殖与资源分类标记。通过人工辅助授粉和组培快繁技术双管齐下，进一步扩大昭通贝母种源繁殖量。

第四，以实验室为依托开展组培快繁技术研究，做好种质资源保存工作。2021年，开展马铃薯茎尖脱毒试验，皇菊组培等工作。皇菊组培取得成功，短时间内增殖200余瓶（约2000苗）；以组培苗的方式保存马铃薯品种、自交系290个，蓝莓品种8个，白芨、半夏和大花蕙兰各2个，黑枸杞、石斛、金线、昭通贝母和川贝各1个，保存数量比实验室成立前有了较大增长。

第五，积极开展地方特色畜禽保种及品种选育。开展乌金猪保种及开发利用、藏香猪在昭通市适应性养殖、杜泊羊与云南半细毛羊杂交利用效果等研究，现已完成乌金猪种猪组群和F_1代选育、藏香猪种猪组群和F_1代选育、杜泊羊种羊与云南半细毛羊组群工作；开展乌骨鸡选育，有力地推动了昭通地方优良畜禽品种资源研究进程。

2.3 普查县（市）基本情况

2.3.1 鲁甸县

（1）第一阶段。

1956年普查基本情况及农业生产情况。县域总面积1487平方千米，耕地面积40.28万亩，草场64万亩，林地88.4万亩，湿地0.078万亩，水域5.7万亩。总人口11.22万人，其中农业人口10.64万人。汉族9.35万人、回族1.44万人、彝族0.32万人、苗族690人、壮族370人。全县生产总值963万元；工业总产值55万元、农业总产值590万元、粮食总产值590万元。经济作物总产值9万元、畜牧业总产值146万元、水产总产值5万元、人均收入86元。高等教育占比0.002%、中等教育占比0.13%、初等教育占比4.1%、未受教育占比95.8%。农业基础设施薄弱，生产力极度落后，农作物栽培管理粗放，生态环境总体较好，人民生活水平总体较差。

粮食作物种植情况。玉米144400亩，品种有黄二季早、白二季早、大白玉米、小黄玉米、大玉米，平均单产98.6千克；马铃薯52600亩，品种有河坝洋芋、大百花洋芋、小百花洋芋、大黑洋芋、小黑洋芋、平均单产765千克。水稻45000亩，品种有龙树小红谷、昭鲁大百谷、鲁甸大红谷、昭鲁麻线谷、小白谷，平均单产358千克；大豆32780亩，品种有粽子豆、白水豆、黑壳豆、大黑豆、猫儿灰、平均单产39千克；蚕豆4900亩，品种有大蚕豆、小蚕豆，平均单产53千克。豌豆17000亩，品种有大白豌豆、麻豌豆，平均单产31千克；小麦28500亩，品种有南大2419、福利麦、14-1、六二白、浙农7号，平均单产49千克。大麦6693亩，品种有米大麦、四棱大麦、六棱大麦，平均单产46千克。荞麦36450亩，品种有红花甜荞、百花甜荞、长嘴苦荞、二细苦荞、圆子苦荞，平均单产 52.8 千克。燕麦 18400 亩，品种有昭通大燕麦，单产 42 千克。甘薯 600 亩，品种有红心薯、小白薯、细腾薯、南端薯，平均单产 870 千克。

油料作物种植情况。油菜籽 21700 亩，品种有兰花籽、胜利油菜、稀水油菜、凤尾籽，平均单产 19 千克。花生 2000 亩，品种有江底小红花生，亩产 56 千克。蔬菜种植情况：大白菜 2100 亩，品种有金边白菜、白菜，平均单产 1300 千克。萝卜 800 亩，品种有高庄萝卜、胡萝卜，平均单产 1175 千克。芥菜 1300 亩，品种有粉干青菜、春不老苦菜，平均单产 1545 千克。

水果种植情况。梨 360 亩，品种有后山大黄梨、黄皮水梨、冬梨，平均单产 500 千克。桃 320 亩，品种有毛桃、黄杏桃，平均单产 350 千克。樱桃 340 亩，品种有水晶樱桃、野樱桃，平均单产 55 千克。柑橘 85 亩，品种有细木黄果、红橘，平均单产 450 千克。苹果 200 亩，品种有滴水海棠，亩产 150 千克。柿子 120 亩，品种有柿花，亩产 500 千克；李子 200 亩，品种有野李子，单产 50 千克。葡萄 20 亩，品种有野葡萄，无产量。枣 30 亩，品种有沙枣，亩产 100 千克。

（2）第二阶段。

1981 年普查基本情况及农业生产情况。县域总面积 1485 平方千米，耕地面积 35.10 万亩，草场 60 万亩，林地 28.9 万亩，湿地 0.15 万亩，水域 7.42 万亩。总人口 23.34 万人，其中农业人口 22.42 万人。汉族 19.07 万人、回族 3.47 万人、彝族 0.58 万人，苗族 1500 人、仲族[①]460 人、择族 81 人、白族 5 人、壮族 2 人。全县生产总值 3240.72 万元；工业总产值 511 万元、农业总产值 2729.72 万元、粮食总产值 1676 万元、经济作物总产值 260 万元、畜牧业总产值 791.6 万元、水产总产值 3.6 万元、人均收入 139 元。高等教育占比 0.009%、中等

① 鲁甸布依族 2006 年以前称“仲族”。

教育占比0.24%、初等教育占比45.2%、未受教育占比54.55%。龙树小红谷种植12600亩，龙头山辣椒种植3600亩，乐红细木黄果种植260亩。全县水利化程度低，农业基础设施落后，生态环境差，人民总体生活状况差。

粮食作物种植情况。玉米129200亩，品种有黄二季早、白二季早、大白玉米、普照玉米、金皇后，鲁杂1号、鲁顶1号、鲁白双1号、鲁杂2号、鲁双1号、平均单产229.9千克。马铃薯88800亩，品种有河坝洋芋、大百花洋芋、米拉洋芋、自来洋芋、脚板洋芋、地龙1号、地龙4号，平均单产952.1千克。水稻41000亩，品种有龙树小红谷、昭鲁大百谷、鲁甸大红谷、昭鲁麻线谷、小白谷，西南175、台北8号、逐浪高、矮子粘、实践稻，平均单产212.3千克。大豆1350亩，品种有粽子豆、白水豆、镇雄大白豆、六月黄、猫儿灰、平均单产41千克。蚕豆4200亩，品种有大蚕豆、小蚕豆，平均单产77千克。豌豆13100亩，品种有大白豌豆、麻豌豆、金豌豆，平均单产48.7千克。小麦26400亩，品种有凤麦、福利麦、光头麦、早啊波、尤二，平均单产54.6千克。大麦2000亩，品种有米大麦、四棱大麦、六棱大麦、鲁甸大麦，平均单产56千克。荞麦31000亩，品种有红花甜荞、百花甜荞、长嘴荞、二细苦荞、洋毛荞，平均单产85.4千克。燕麦8400亩，品种有鲁甸燕麦，单产59千克。甘薯900亩，品种有红心薯、小白薯、细腾薯、建水洋红、北京530，平均单产1200千克。高粱625亩，品种有鲁甸高粱、甜高粱，平均单产47千克。

油料、糖料作物种植情况。油菜12500亩，品种有兰花籽，单产44千克。花生1800亩，品种有江底小红花生，亩产58千克。甘蔗234亩，品种有鲁甸甘蔗、台糖品种，平均单产3312千克。蔬菜种植情况：大白菜4000亩，品种有金边白菜、白菜，平均单产1415千克。萝卜800亩，品种有高庄萝卜、胡萝卜，平均单产1450千克。芥菜3700亩，品种有粉干青菜、春不老苦菜，平均单产1500千克。辣椒3600亩，品种有鲁甸龙头山辣椒，亩产96千克。大蒜2000亩，品种有鲁甸小红蒜，亩产260千克。莴苣1360亩，品种有鲁甸莴苣，亩产2780千克。茄子600亩，品种有鲁甸茄子，亩产1280千克。苏籽900亩，亩产55千克。生姜1100亩，亩产520千克。

水果种植情况。梨2540亩，品种有后山大黄梨、黄皮水梨、冬梨、火把梨、宝珠梨、磨盘梨，平均单产558.3千克。桃1280亩，品种有毛桃、黄杏桃，江底桃，平均单产400千克。樱桃860亩，品种有水晶樱桃、野樱桃，平均单产125千克。柑橘378亩，品种有细木黄果、红橘、甜橙，平均单产633.3千克。苹果2400亩，品种有滴水海棠、金冠、元帅、国光、早旭，亩产580千克。柿子530亩，品种有柿花，亩产600千克，李子650亩，品种有野李子、大白李子、江安李、鸡血李，平均单产250千克。葡萄25亩。品种有野葡萄、巨峰，平均亩产250千克。枣50亩，品种有沙枣，亩产100千克。

（3）第三阶段。

2014年普查基本情况及农业生产情况。县域总面积1484平方千米，耕地面积48.15万亩，草场41.3万亩，林地96.95万亩，湿地0.061万亩，水域6.42万亩。总人口45.28万人，其中农业人口35.84万人。汉族36万人、回族7.58万人、彝族1.21万人，苗族3200人、其他族1600人。全县生产总值443540万元；工业总产值470415万元、农业总产值104997万元、粮食总产值94414万元、经济作物总产值3792万元、畜牧业总产值57992万元、水产总产值557万元、人均收入9796元。高等教育占比4.42%、中等教育占比5.74%、初等教育占比88.63%、未受教育占比1.21%。

特有资源情况。青椒种植7.8万亩，细木黄果200亩，鲁三（2）推广3.8万亩，小红蒜种植0.26万亩，魔芋种植0.6万亩，樱桃种植0.76万亩。全县因杂交种普及推广，种植面积逐年增加，多数地方品种或野生资源濒临灭绝。农业水利化程度低，基础设施差，受地形地貌限制，多数耕地是山地，机械化作业难度大，投入大，产出少。

粮食作物种植情况。玉米225700亩，品种有黄二季早、白二季早、墨北1号、普照苞谷、小黄苞谷，会单4好号、中金368、鲁三（3）号、鲁三（2）号、保玉7号，平均单产363.9千克。马铃薯181891亩，品种有威芋3号、百花洋芋、r-2、实选一号、地龙1号、会-2、群永1号、品比4号、实选4号、宣薯2号，平均单产1690.2千克。水稻24030亩，品种有昭粳5号、凤稻14、合系4号、岗优63、凤稻20、合选1号、云粳38、凤稻17、菠萝4号、合系40号，平均单产463.8千克。大豆15494亩，品种有粽子豆、白水豆、黑豆、六月黄、乌嘴豆、千斤豆、滇豆7号、91-1、台湾292，平均单产133.8千克。蚕豆10191亩，品种有大蚕豆、小蚕豆，平均单产75千克。豌豆23834亩，品种有大白豌豆、麻豌豆、金豌豆、大荚豌豆、水果豌豆，平均单产82.8千克。小麦26424亩，品种有黄壳小麦、云麦42、西福7号、本地小麦、四方麦，平均单产60千克。大麦2249亩，品种有米大麦、四棱大麦、六棱大麦、大麦，平均单产72千克。荞子40683亩，品种有红花甜荞、白苦荞、长嘴苦荞、圆嘴苦荞、凉山苦荞，平均单产152千克。燕麦8685亩，品种有本地燕麦、永429、大燕麦、纤纤麦，单产155千克。甘薯7165亩，品种有南端薯、白心甘薯、丰收1号、乌心甘薯、三角薯，平均单产1837千克。高粱107亩，品种有黑马尾高粱、白马尾高粱、锦杂25，平均单产246千克。

油、糖料作物种植情况。油菜5300亩，品种有兰花籽、双低油菜，平均单产121千克。花生3184亩，品种有江底小红花生、杂交白花生，平均亩产79.5千克。苏籽318亩，品种有本地苏籽，单产44千克。向日葵666亩，品种有本地葵花籽、小黑籽，平均单产115.5千克。甘蔗200亩，品种有台糖品种，单产2701千克。

蔬菜种植情况。叶菜类8331亩，品种有春不老苦菜、香芹、杂交油菜、杂交菠菜、青菜，平均单产1078千克。白菜类30655亩，品种有杂交大白菜、杂交圆白菜、莲花白，平均单产1192千克。甘蓝类105亩，品种有杂交卷心菜，单产1855千克。块根、块茎类22124亩，品种有白萝卜、胡萝卜、生姜，平均单产1302.7千克。瓜类3907亩，品种有黄瓜、南瓜、西葫芦，平均单产982.3千克。采用豆类8584亩，品种有豇豆、四季豆、毛豆，平均单产564.7千克。茄果类12807亩，品种有茄子、辣椒、番茄，平均单产504千克。葱蒜类5577亩，品种有大葱、小葱、大蒜，平均单产653千克。水生蔬菜2亩，品种有莲藕、茭白，平均单产2070千克。

水果种植情况。梨4000亩，品种有后山大黄梨、黄皮水梨、冬梨、火把梨、磨盘梨、云南红梨、丰水梨、金秋梨、苍溪雪梨，平均单产1094.4千克。桃4500亩，品种有毛桃、黄杏桃、江底桃、水蜜桃、中华寿桃、桃王九九、中国沙红、雨花露，平均单产750千克。樱桃12200亩，品种有水晶樱桃、野樱桃、黄蜜大樱桃、红灯大樱桃、先锋大樱桃，平均单产240千克。柑橘1200亩，品种有细木黄果、红橘、纽荷尔、明娜、白橘，平均单产860千克。苹果32000亩，品种有滴水海棠、金冠、红将军、红富士、神沙、红冠，平均亩产1441.7千克。柿子800亩，品种有柿花、甜柿，平均亩产800千克，李子800亩，品种有野李子、大白李子、江安李、蜂糖李子，平均单产267.6千克。葡萄1000亩，品种有野葡萄、巨峰、红玫瑰、红提，平均亩产625千克。枣500亩，品种有沙枣、金丝蜜枣，平均亩产300千克。

牧草种植情况。牧草种植81300亩，品种有红小麦草、小米草、聚合草、光叶紫花苕、一年生黑麦草、多年生黑麦草、鸭茅草、白三叶草，平均单产1590.1千克。

2.3.2 巧家县

（1）第一阶段。

1956年普查基本情况及农业生产情况。全县人口26.86万人，其中农业人口26.32万人。彝族6594人、苗族2082人、布依族49人。高等教育占比0%、中等教育占比0%、初等教育占比5.96%、未受教育占比94.04%。全县土地面积3651平方千米，其中耕地面积70.25万亩。国民生产总值1800万元，工业总产值216万元，农业总产值2136万元，粮食总产值354万元，经济作物总产值1749.8万元，畜牧业总产值207.9万元。人均收入17.5元。社会发展处于比较贫穷落后的起步阶段。

1956年全县主要粮食品种玉米283357亩，马铃薯124581亩，水稻46101亩，小麦32499亩，甘薯21115亩；主要经济作物花生6380亩，甘蔗6566亩。全县农业农用物资奇缺、农田水利条件差，农业科技非常落后。全县农业生产总体上处于刀耕火种、广种薄收状态。农作物品种结构比较单一，产量比较低，耕地面积大多数种植水稻、玉米、小麦、甘薯、马铃薯等粮食作物，且多为地方品种，几乎无培育品种引进种植。水稻品种主要有：大白谷21050亩、大红谷15000亩、巨穗选、珍珠矮、广场矮等；玉米品种主要有大黄53321亩、黄二季早47158亩、小黄43228亩、白二季早26274亩、大白18850亩等；小麦品种主要是阿波6351亩、红花麦5473亩、"南大2419" 14250亩等；甘薯品种简阳苕12113亩和建水苕7527亩；马铃薯品种主要有：自来洋芋62310亩、河坝洋芋31157亩、马尔科洋芋19528亩、八宝洋芋7550亩、黑皮洋芋5428亩。

经济作物种植面积较小，且品种单一，几乎都为地方或野生品种。油料作物主要是花生（小花生1820亩、二洋花生1658亩、直立花生1376亩）。甘蔗主要是罗汉蔗6210亩。

（2）第二阶段。

1981年普查基本情况及农业生产情况。全县人口41.6433万人，其中农业人口40.2276万人。彝族11132人、苗族4062人、布依族309人、回族110人。高等教育占比0.05%、中等教育占比0.98%、初等教育占比28.38%、未受教育占比70.59%。全县土地面积3245平方千米，其中耕地面积51.548万亩。国民生产总值4882万元，工业总产值1220万元，农业总产值2665万元，粮食总产值4633万元，经济作物总产值2497万元，畜牧业总产值822万元，水产总产值129万元。人均收入128元。国民经济有了较大发展。

主要粮食品种玉米191784亩，马铃薯145568亩、小麦40905亩、水稻39237亩、甘薯22167亩；主要经济作物花生7359亩、烤烟5774亩、甘蔗14028亩。1981年全县基本完成家庭联产承保，极大调动了农业生产积极性，农业生产发展至此步入一个全新阶段，但从总体上看，全县农业生产继续处于农用物资较缺乏、农田水利条件差，农业科技落后的状态。水稻、玉米、小麦、甘薯、马铃薯等粮食作物在继续种植上述原地方品种的基础上，少量引进培育品种，产量逐渐提高。水稻种植品种增加汕优22、汕优63，种植面积较大的是大白谷9587亩、台北8号7961亩、南优7725亩、黄丝糯6538亩、大红谷5119亩等；玉米种植面积较大的是大白5624亩、大黄3820亩、大黄马牙3115亩、白二季早2789亩、黄二季早2518亩；小麦种植面积较大的是返修10876亩、托托8635亩、南大2419 7157亩、阿波5965亩、绵阳11号4330亩；甘薯种植面积较大的是简阳苕6521亩、建水苕4438亩、万斤苕4028亩、南瑞苕3871亩、红心苕2659亩；洋芋种植面积较大的是自来洋芋72035亩、河坝洋芋21058亩、马尔科洋芋15320亩、品比4号13843亩、七七克料单选1号10587。

经济作物品种相对增加，甘蔗种植面积较大的是“台糖134”3610亩、选蔗3号3351亩、“闽蔗70-611”3171亩、莲蔗2号1085亩、巧选1号1037亩；花生种植面积较大的是小花生2528亩、二洋花生2318亩、直立花生1677亩、巧油2号358亩、巧油1号315亩；烤烟种植面积较大的是红花大金元5138亩、云烟2号636亩。

（3）第三阶段。

2014年普查基本情况及农业生产情况。全县耕地面积67.48万亩，草场面积38.9万亩，林地面积315.786万亩，水域面积1.6万亩。农业总产值327733万元，粮食总产值107818万元，经济作物总产值172000万元，畜牧业总产值168465万元，人均收入7000元。主要粮食品种马铃薯245000、玉米235000亩、甘薯50000亩、燕麦11000亩；主要经济作物杧果5000亩、白菜8000亩、姜800亩、蒜200亩、花生1600亩、蜡虫8000亩、魔芋700亩、花椒23000亩、烤烟21000亩、梨1200亩、甘蔗3200亩、石榴200亩。全县农田水利建设水平与农业生产发展需求不相适应，农业生产整体上呈现小、散、弱，农产品商品化程度低，干旱、病虫害等自然灾害较重。2014年，原来种植的多数地方品种被替换，粮食产量大幅度提高。其中象牙杧果5000亩、巧家白菜3000亩、小黄姜800亩、鸡噜蒜200亩、二洋花生1000亩、小花生600亩、白魔芋400亩、花魔芋300亩、藤椒12000亩、大红袍3000亩、青椒8000亩、酸石榴200亩、长把把梨600亩、黄皮梨600亩、台糖134 3200亩，粮食作物及经济作物等均大量引进优质的培育品种进行种植，产量不断提高，农作物品种结构日趋合理。

特有资源概况。木棉（攀枝花）、番石榴（广东）、余干子（滇橄榄）、女贞（白蜡树）、象牙杧果、巧家五针松、雪茶等。其中木棉（攀枝花）、番石榴（广东）、余干子（滇橄榄）、女贞（白蜡树）、象牙杧果、雪茶具有较高的经济价值；巧家五针松为国家一级保护植物，通过10多年来的人工繁育，巧家五针松的数量逐渐上升，巧家五针松以人工繁殖数量已达5000余株。从总体上看，由于一些优质、高产的农作物品种引进，本地品种及一些低产引进品种逐渐被替代，有些品种甚至完全消失，保护利用不及时造成的种质资源损失不可低估。

2.3.3 镇雄县

（1）第一阶段。

1956 年普查基本情况及农业生产情况。县辖 13 个乡镇 208 个村。城关镇为县辖镇。总人口 45.1248 万人，其中农业人口 43.8205 万人。彝族人口 2.8449 万人、苗族人口 1.1247 万人、白族人口 0.199 万人、壮族人口 0.019 万人、回族人口 0.007 万人。受教育情况：高等教育占比 0.05%、中等教育占比 0.95%、初等教育占比 7.6%、文盲与半文盲率 91.4%。耕地面积 126.4522 万亩、草场面积 58.7228 万亩、林地面积 191.2333 万亩。生产总值 2173.46 万元，工业总产值 268.56 万元，农业总产值 1904.9 万元，粮食总产值 1425.73 万元，经济作物总产值 180.53 万元，畜牧业总产值 242.76 万元。人均收入 48 元。特有资源及利用情况：猪鬃、绵羊毛、山羊毛、羽毛、牛皮、猪皮、蚕茧、木漆、天麻、竹荪、云木香、半夏、荞麦等，对外销售未经加工的原料。农业生产的主要问题：农业基础设施缺乏，无机械化耕作、耕作粗放、种植水平落后、自然灾害抵御能力弱、农民生产积极性不高，粮食产量极低，平均亩产仅 105 千克。总体生态环境优，总体生活质量差。

1956 年种植的粮食作物主要以玉米、水稻、小麦、马铃薯、大豆为主，除小麦有一个培育品种，均是地方品种。玉米 857235 亩，主要品种：大黄包谷、本地大白包谷、二季早黄包谷、二季早白包谷、本地糯，平均单产 271 千克。水稻 81814 亩，主要品种：黄腊谷、大黄谷、小黄谷、红早谷、白早谷，平均单产 140 千克。马铃薯 71936 亩，主要品种：乌花洋、白花洋，平均单产 500 千克。小麦 65544 亩，主要品种：红花小、白花小，平均单产 60 千克，培育品种 1 个：短粒多，平均单产 80 千克。大豆 199346 亩，主要品种：早白豆、黑豆，平均单产 28.75 千克。

经济作物主要以油菜、花生、烤烟、苎麻、大麻为主，品种均是本地品种。油菜 32835 亩，主要品种：镇雄油菜，平均单产 24.2 千克。本地花生 612 亩，平均单产 245 千克。烤烟 92 亩，主要品种大金元，平均单产 28.08 千克。镇雄苎麻 3200 亩，平均单产 3 千克，镇雄大麻面积 1300 亩，平均单产 6.34 千克。

（2）第二阶段。

1981 年普查基本情况及农业生产情况。县辖 15 个乡镇 232 个村，城关镇为县辖镇。总人口 83.7858 万人，其中农业人口 80.8717 万人。彝族人口 5.2823 万人、苗族人口 2.0883 万人、白族人口 0.3695 万人、壮族人口 0.0358 万人、回族人口 0.014 万人、藏族人口 0.0012 万人、侗族人口 0.0011 万人。受教育情况：高等教育占比 0.1%、中等教育占比 4.8%、初等教育占比 29.5%、文盲与半文盲率 65.6%。耕地面积 210.45 万亩、草场面积 14.604 万亩、林地面积 237.99 万亩、水域面积 3.186 万亩。生产总值 13095 万元，工业总产值 1165 万元，农业总产值 10659 万元，粮食总产值 3866.6 万元，经济作物总产值 4195.41 万元，畜牧业总产值 1564 万元，水产总产值 0.12 万元。人均收入 131.5 元。猪鬃、绵羊毛、山羊毛、羽毛、牛皮、猪皮、蚕茧、木漆、天麻、竹荪、云木香、半夏、荞麦、罗坎柑橘等，除少量实行初加工外，其余大部分对外销售未经加工的原料。农业生产的主要问题：基本农田建设落后，机械化程度低，农业技术推广处于起步阶段，交通落后，耕作粗放、种植水平低，受气候条件制约大，农产品销售滞后。总体生态环境差，总体生活状况差。

1981 年种植的粮食作物主要以玉米、水稻、小麦、马铃薯、大豆为主。除玉米作物开始应用推广镇玉 2 号、镇玉 3 号、镇玉 8 号三个自制种杂交良种，品种应用仍以地方品种为主，开始应用外地新选育的良种。玉米 847136 亩，主要品种：二季早白包谷、小黄包谷、大白包谷、二季早黄包谷，平均单产 277.5 千克；培育品种 3 个：镇玉 2 号、镇玉 3 号、镇玉 8 号，面积 3000 亩，平均单产 400 千克。水稻

52083亩，主要品种：竹丫糯、白脚粘、乌脚粘、七里香、白酒谷，平均单产260千克。马铃薯244920亩，主要品种：米拉、东北洋芋、马耳科、河坝洋芋，平均单产1050千克。小麦150311亩，主要品种：阿波、大头黄、雅安早，平均单产150千克。大豆3817亩，主要品种1个：白豆，平均单产70千克。

经济作物种植主要以油菜、花生、烤烟、苎麻、大麻为主。油菜34090亩，主要品种：镇雄油菜，平均单产80千克，镇雄本地花生4061亩。烤烟55835亩，主要外引良种：红花大金元、NC82、G-28，平均单产156.7千克。镇雄苎麻577亩。镇雄大麻面积70亩。

（3）第三阶段。

2014年普查基本情况及农业生产情况。县辖28个乡镇254个村，乌峰镇为县辖镇。总人口157.4181万人，其中农业人口118.0636万人。彝族人口8.9527万人，苗族人口3.5987万人，回族人口0.0251万人、白族人口0.6358万人。受教育情况：高等教育占比4.6%、中等教育占比36.7%、初等教育占比47.7%、文盲与半文盲率11%。全县总面积3696平方千米（554.4万亩），耕地面积140.348万亩、草场面积97.36万亩、林地面积15.84万亩、水域面积5.392万亩。生产总值846238万元，工业总产值429279万元，农业总产值382279万元，粮食总产值73988万元，经济作物总产值73989万元，畜牧业总产值234302万元。人均收入6396元。特有资源及利用情况：全县顺利实施了魔芋产业化开发示范、科学栽种桑蚕示范、昭通航空天麻镇雄地面培育试验示范、马铃薯规范化种植示范、夏季冷凉蔬菜种植示范、低产果园改造示范。2008年，无公害马铃薯产地认证达15万亩。2014—2020年，“邦兴”桃、李、葡萄，“云栗”系列产品、“云山传奇”红、绿茶系列产品共23个通过绿色食品认证。2018年，“竹丫糯”稻谷通过无公害认证。2014年，全县完成种植粮食214万亩，种植天麻1.6万亩，中药材1万亩，蔬菜30万亩，魔芋4.5万亩。与以上取得的成就相印证，先后获得“全国粮食生产先进县”“全省粮食生产先进县”“全国产粮大县”“全国产油大县”“云南省第一批高原特色农业示范县”“中国最具投资潜力特色示范县200强”“云南省县域经济发展先进县”等荣誉称号。农业生产存在问题。一是人多地少，经营分散。当前还是以小农经济为主，土地流转程度低，规模化、集约化、标准化经营水平低。二是农业综合生产能力不强，品牌不突出。依然以粮食生产为主，经济作物知名品牌少，而种植作物区域性结构布局差，没有充分发挥地方特色名优农产品，农业发展大而不强。三是农业加工业发展滞后，机械化程度低。四是农产品流通滞后，农产品市场交易体系不健全。经常出现农产品产量高，销路滞后，打击农民积极性。五是种植成本日趋升高。种植过程中人工、农药、肥料等成本不断增加，但产品价格低，导致种植效益较低，农民种植积极性不高。六是自然风险高。抵御风险能力差，影响农产品品质，降低市场竞争力。

2014年种植的粮食作物主要以玉米、水稻、小麦、马铃薯为主。玉米、小麦杂交良种覆盖率达90%以上，马铃薯品种应用主要来源于外引良种、同时，镇雄培育品种“镇薯一号”开始推广应用，米拉洋芋仍有种植，吃味好，只是种性退化明显。到2018年基本被取代。常规水稻种植主要品种“竹丫糯”，面积1000亩，2018年获无公害农产品认证，杂交水稻品种应用主要是外引良种。玉米985650亩，地方品种：镇雄本地包谷、白糯包谷，面积50000亩，平均单产200千克；杂交良种120个：扎单202、西抗18、昌隆98、镇单3号等，平均单产490千克以上。水稻15625亩，竹丫糯1000亩，平均单产400千克，杂交水稻种植品种均为外引良种。马铃薯630639亩，地方品种：米拉，平均单产800千克，培育品种：会-2、威芋3号、镇薯1号，平均单产1200千克。小麦295700亩，主要品种：云麦39、云麦42、云麦52、云麦53等，平均单产265千克。

种植的经济作物主要以油菜、花生、大豆、烤烟、本地花魔魔芋、大白菜为主。油籽95734亩，主要品种：花油6号、云油杂2号等，平均单产135千克。花生122735亩。烤烟84000亩，培育品种2个：云烟85、K326，平均单产110千克。魔芋45000亩，品种：镇雄本地花魔芋、外引良种富源花魔芋，大白菜8万亩。

重点资源介绍：野山药。蔬菜作物，薯蓣科，薯蓣属，薯蓣种，缠绕草质藤本。滋补脾胃的食物首推山药，它是入肺、健脾、补肾的佳品。药用：薯蓣块茎为常用中药“怀山药”，根可入药，甘、温、平，无毒。主治伤中，补虚羸，除寒热邪气，补中，益气力，长肌肉，强阴。久服，耳目聪明，轻身不饥延年。本经。主头面游风，头风眼眩，下气，止腰痛，治虚劳羸瘦，充五脏，除烦热。别录。补五劳七伤，去冷风，镇心神，安魂魄，补心气不足，开达心孔多记事。强筋骨，主泄精健忘。益肾气，健脾胃，止泻痢，化痰涎，润皮毛。生捣贴肿硬毒，能消散。食用：块茎富含淀粉，供蔬食。

2.3.4　彝良县

（1）第一阶段。

1956年普查基本情况及农业生产情况。由彝良县人民政府改称彝良县人民委员会，行政管辖8个区、97个乡镇、352个农业社。总人口数21.7664万人，其中农业人口20.2258万人；耕地总面积73.6854万亩，生产总值965万元，工业总产值88.6万元，农业总产值849.28万元，其中粮食624.85万元、经济作物60万元、畜牧业162.85万元，人均收入只有8.8元。种植结构单一，加上连续干旱等自然灾害对农业生产影响较大，农业生产效率低下，都是广种薄收，但是农业生产仍然是社会大生产的主体，生产总值965万元中，农业总产值高达849.28万元，占比87.9%，其中粮食624.85万元，解决吃饱饭都成问题。

1956年粮食作物品种都是常规种，水稻种植面积有61106亩，代表品种有乌脚粘、黑节兰、大白谷、七里香、鱼米荞等，平均单产100～110千克。玉米面积有568503亩，代表品种有二季早、大白、大黄、小黄包谷等，平均单产不到100千克；小麦种植面积17721亩，代表品种有引进的洋麦，以及南青麦、光头麦、须须麦、白麦等本地品种，单产50～62千克。经济作物品种丰富，有油菜、马铃薯、大豆、甘薯、青菜、白菜、柑橘、李子、彝良樱桃、茶叶等。

（2）第二阶段。

1981年普查基本情况及农业生产情况。1981年9月，复称彝良县人民政府，隶昭通地区行政公署。行政管辖13个乡镇、133个大队、1195个生产小队，总人口达到36.3336万人，其中农业人口34.8783万人；耕地面积缩减到56.8673万亩，生产总值6056万元，工业总产值749万元，农业总产值4939万元，其中粮食3114万元、经济作物478万元、畜牧业1313万元、水产34万元，人均收入为70元。随着改革开放，社会生产力受土地改革承包到户的激励，农业生产力得到空前的释放，粮食生产取得一定水平的提高，但是农业技术应用落后；没有形成基本的农业产业化发展，加上受自然灾害以及工业落后等因素的影响，粮食生产形势仍然严峻。

1981年农作物种植品种总体呈现多样化，水稻种植面积47368亩，除了乌脚粘、黑节兰、大白谷等本地品种，还引进了高粱红、西南175、南优2号、南优6号等培育品种，单产也从100千克上下，提高到400千克。玉米种植面积349652亩，代表品种由传统的二季早、黄石赖过渡到墨白一号、昭选一号等新培育出来的高产品种，本地品种产量也从不到100千克，上升到120～140千克；引进的品种高达320～400千克。小麦种植面积45851亩，代表品种有洋麦、阿波麦、白麦、光头麦、凤麦13、凤麦14等，本地品种单产50～70千克，引进的培育品种平均单产有所提高，达到100千克以上。经济作物在1956年的基础上有了烤烟大金元、红花大金元，以及马铃薯新品种米拉、河坝，甘薯新品种南瑞薯、徐薯18等新品种投入到农业生产中，其间，产量得到大幅提升，单产都突破300千克。

（3）第三阶段。

2014年普查基本情况及农业生产情况。彝良县行政管辖15个乡镇、135个村，总人口数快速增长到60.1396万人，其中农业人口49.6719万人，有苗、彝、回、哈尼、白、土家等11个少数民族。全县耕地面积增至82.73万亩，生产总值590112万元，工业总产值290033万元；农业总产值274967万元，其中粮食总产值64495万元、经济作物总产值106748万元、畜牧业总产值90120万元、水产总产值1170万元，人均收入5106元。此时的农业生产和工业发展水平都到一定水准，农业生产力进一步提升，完全能够满足人民基本需求；全县的农业生产正逐步朝着农业机械化、规模化种植和集约型农业生产方向迈进；同时由于外出务工青年较多，农业产业发展缺乏有知识有文化的劳动力，农业产业化落后，部分农产品销售困难。

2014年农作物品种基本普及杂交种，水稻种植面积下降到31000亩，代表品种有宜香725、冈优22、D优162、冈优827、中优85等，单产突破500千克；玉米种植面积320000亩，本地品种二季早和小黄包谷只有少量种植，扎单202、宣黄单4号、9601、盐墨23等杂交玉米成为主栽品种，单产也都在400～500千克。小麦品种的本地白麦、须须麦、光头麦面积逐年萎缩，逐渐被绵麦系列品种取代，单产提高到了260～280千克。经济作物得到全方位的发展，蔬菜、烤烟、油菜、花生、李子、樱桃、甘薯、马铃薯等产量都有所提升。

2.3.5 威信县

（1）第一阶段。

1956年普查基本情况及农业生产情况。1956年，县域总面积1400平方千米，耕地面积40.28万亩，草场面积8.105万亩，林地面积 70.6840 万亩，湿地 10.264 万亩，水域面积 49.6630 万亩。总人口 14.539 万人，其中苗族 1.5435 万人、彝族 0.1018 万人。全县生产总值 260 万元，工业总产值 1 万元，农业总产值 252 万元，粮食总产值 248.6 万元，经济作物总产值 0.9 万元，畜牧业总产值 2 万元，水产总产值 0.5 万元，人均收入 22 元。高等教育占比 0.001%，中等教育占比 0.007%，初等教育占比 2.6%，未受教育占比 97.32%。农业种植技术落后，机械化程度低，受自然环境制约大，应对自然灾害能力弱，产量低。总体生态环境较好，人民生活水平总体较差。

粮食作物种植情况。玉米 263764 亩，品种有小白包谷、小黄包谷、花猫包谷、白糯包谷，平均亩产 62.5 千克；水稻 72370 亩，品种有白梁谷、红脚龙、大叶兰，平均亩产 159 千克；马铃薯 17855 亩，品种有白花洋芋、乌洋芋、水红洋芋，平均亩产 66 千克。

油料、蔬菜、果树、桑等主要经济作物种植情况。甘薯 4678 亩，品种有白苕、花生薯，平均单产 66.5 千克；大豆 26361 亩，品种有大白豆、小白豆，平均单产 33.5 千克；花生 743 亩，品种有大花生、小花生，平均单产 66 千克；油菜 19562 亩，品种有大金黄、小菜子、马尾丝，平均亩产 30 千克；水果 80 亩，品种有苹果、柑橘、梨、柿子，平均亩产 80 千克；各类蔬菜 2152 亩，白菜 650 亩，单产 280 千克、青菜 321 亩，单产 350 千克、萝卜 265 亩，单产 380 千克、菠菜 164 亩，单产 120 千克、蚕豆 180 亩，单产 180 千克、豌豆 130 亩，单产 130 千克、辣椒 230 亩，单产 200 千克。

（2）第二阶段。

1981 年普查基本情况及农业生产情况。1981 年，县域面积 1400 平方千米，耕地面积 33.2700 万亩，草场面积 9.328 万亩，林地面积 97.2655 万，湿地（含滩涂面积 12.964 万亩，水域面积 47.62500 万亩）。总人口 25.5395 万人，其中农业人口 24.6412 万人，少数民族数量 6 个，其中苗族 2.7532 万人、彝族 0.1622 万人、白族 0.0013 万人、壮族 0.0009 万人、回族 0.0008 万人，佈依族 0.0006 万人。全县生产总值 5520 万元，工业总产值 823 万元，农业总产值 4697 万元，粮食总产值 2967.8 万元，经济作物总产值 1216.2 万元，畜牧业总产值 502.8 万元，水产总产值 10.2 万元，人均收入 216.136 元。高等教育占比 0.297%，中等教育占比 8.34%，初等教育占比 33.4%，未接受教育占比 57.92%。充分利用土地资源，发展粮食生产和烤烟种植增加收入，但农田基本建设落后，农技推广落后，受气候条件制约大，总体生态环境较好，生活状况中等，农业以自给为主，发展生猪养殖等经济。

粮食作物种植情况。玉米种植面积 229620 亩，地方品种有二季早黄苞谷、二季早白苞谷、小白苞谷、大白苞谷、花猫儿苞谷，平均单产 230 千克，培育品种有威双 1 号、威红 2 号、威三 1 号，平均单产 270 千克；水稻种植面积 47415 亩，地方品种有白梁谷、红脚龙、大叶兰、红米谷等 4 个品种，平均单产 220 千克，培育品种有毕越越、浙威酒、越农等 3 个品种，平均单产 250 千克；小麦种植面积 34800 亩，品种有大乌麦、龙须麦、白麦子、红花麦等 4 个品种，平均亩产 88 千克；马铃薯种植面积 30000 亩，地方品种有白花洋芋、乌洋芋、水红洋芋等 3 个品种，平均单产 560 千克，培育品种有米拉洋芋、东北洋芋 2 个品种，平均单产 1100 千克。

油料、蔬菜、果树、桑等主要经济作物种植情况。大豆种植 3045 亩，品种有大白豆、小白豆、绿豆、褐皮豆，平均单产 80 千克；油菜种植 38455 亩，地方品种有大金黄、竹丫、白菜型小菜籽、马尾丝等 4 个品种，平均单产 50 千克，培育品种有夫妻油菜、胜利油菜 2 个品种，平均单产 70 千克；花生种植 1920 亩，品种有蔓生型大花生和直立型小花生，平均单产 77 千克；果树种植 438 亩，主要有柑橘、梨、樱桃、桃、李等，平均单产 600 千克；蔬菜种植 9740 亩，主要有白菜、青菜、茄子、辣椒、萝卜、豇豆、蚕豆、豌豆等品种，平均亩产 925 千克；麻类种植 1200 亩，品种有大麻、元麻，平均单产 19 千克。

（3）第三阶段。

2014年普查基本情况及农业生产情况。2014年，县域总面积1400平方千米，耕地面积40.35万亩，草场面积12.062万亩，林地面积108.237万亩，湿地（含滩涂）面积14.526万亩，水域面积47.625万亩。总人口43.258万人，其中农业人口32.208万人，苗族4.5224万人，彝族47.625万人。全县生产总值272848.7万元，工业总产值54931万元，农业总产值116802万元，粮食总产值44648.1万元，经济作物总产值2967.3万元，畜牧业总产值68814.1万元，水产总产值372.5万元，人均收入4689元。高等教育占比10.6%，中等教育占比35.8%，初等教育占比37.2%，未受教育占比16.4%。总体生产环境较好，生活状况较好，农业生产存在的主要问题有几个方面：①人多地少，经营分散；②农业综合生产能力不强，品牌不突出；③农业加工业发展滞后，对整个农业推动不强；④农产品流通环节不通畅，农产品市场交易体系不健全。

粮食作物种植。玉米种植面积294855亩，本地品种有二季早黄苞谷、二季早白苞谷、墨白1号、花猫儿苞谷、本地糯玉米，平均单产200千克，培育品种有扎单202、西抗18、西山70、西山21、西山90等，平均单产460千克；水稻种植面积43095亩，地方品种有红米谷、红脚龙、本地糯谷，平均单产450千克；小麦种植面积78060亩，本地品种有龙须麦、白麦子、大乌麦，平均单产120千克，培育品种有绵阳19、绵阳20、绵阳26号、绵阳29号，平均单产245千克；马铃薯146715亩，本地品种有乌洋芋、水红洋芋，平均单产350千克，培育品种有东北马铃薯、米拉洋芋、威育3号、合作88，平均亩产850千克。

油料、蔬菜、果树、桑等主要经济作物种植情况。大豆25000亩，地方品种有大白豆、小大豆、绿蓝豆、灰豆、黑豆，平均单产150千克，培育品种有冬黄豆、冬白豆，平均单产200千克；蚕豆种植10620亩，品种有小蚕豆、大蚕豆，平均鲜产536千克；豌豆种植1875亩，品种是本地肉豌豆，平均鲜产480千克；油菜种植58080亩，本地品种有白菜型菜籽，单产80千克，培育品种有黔油23、云油2号、云油7号、川油9号，平均亩产200千克；花生种植13830亩，品种有蔓生型大花生和直立型小花生，平均亩产110千克；甘蔗种植390亩，品种为果蔗，平均鲜产600千克；水果种植8220亩，主要品种有柑橘、苹果、樱桃、李子、藤梨、金秋梨、布朗李，平均亩产600千克；蔬菜种植10000亩，品种有白菜、青菜、萝卜、辣椒、莲花白，平均亩产1000千克；蚕桑种植3000亩，本地品种有刺桑和自生桑，平均亩产桑叶1500千克，培育品种有桐乡青和荷叶白，平均亩产桑叶2000千克。

特色资源。①威信糯小米。糯小米是一种温和的滋补品，有补虚、补血、健脾暖胃、止汗等作用。糯小米含有丰富的蛋白质，另外还有人体所需要的氨基酸、维生素以及多种矿物质元素，有补中益气，健脾益肺的保健功效，对食欲不佳，腹胀腹泻、脾胃虚寒有一定的缓解作用，在威信县种植历史悠久，适应性强，耐旱耐瘠，因产量较低，全县种植面积不足50亩，濒临灭绝。②倒豆。属于四季豆的一个品种，在威信县罗布簸火丁家坝一带有种植，种植面积不足30亩。特点是藤蔓长满架后才开始结荚，从顶部往下部结荚，所以当地老百姓称它为“倒豆”，每亩鲜产600千克左右，抗性强、食味佳，功效有补充叶酸，促进身体发育，维持人体酸碱平衡，健脾养胃，还具有强壮骨骼，保护心脏，减肥等作用。③本地小花生。威信县种植的主要花生品种，适应性强，食味佳，含油量高，它不仅是一种高营养食品，更是一种药用价值较高的保健良药，具有润肺止咳，降低胆固醇，保护血管的功效。④本地黑豆。黑豆在威信县各乡镇均有种植，适应性广，具有蛋白质含量高，富含氨基酸，尤其是8种人体必需的氨基酸，还含有19种油酸，经常食用黑豆可以软化血管，滋润肌肤，延缓衰老，尤其对高血压和心脏病等病人有较大好处。

2.3.6 盐津县

（1）第一阶段。

1956年普查基本情况及农业生产情况。全县9个乡镇，64个行政村，县城所在地盐井镇。总人口13.7509万人，其中农业人口13.2847万人。汉族10.5337万人，苗族0.3354万人，回族0.0011万人，彝族0.0001万人。县域总面积1883.96平方千米，耕地面积65.9979万亩，草场面积72万亩，林地面积156.82万亩。全县生产总值1034万元，工业总产值360万元，农业总产值689万元，粮食总产值689万元，畜牧业总产值99.76万元。人均收入96元。受教育情况：高等教育占比0.5%，中等教育占比1%，初等教育占比6%，未受教育占比92.5%。

粮食作物种植情况。水稻种植面积51756亩，玉米种植面积241927亩，小麦种植面积9967亩。千千谷种植面积18100亩，每亩产量130千克。二金黄种植面积111286亩，每亩产量150千克。三月黄种植面积3200亩，每亩产量40千克。竹丫谷种植面积9656亩，每亩产量90千克。乌稍谷种植面积22110亩，每亩产量140千克。大金黄种植面积12700亩，每亩产量200千克。白麦子种植面积900亩，每亩产量60千克。大白包谷种植面积8564亩，每亩产量250千克。光头麦种植面积967亩，每亩产量75千克。小白包谷种植面积4911亩，每亩产量100千克。须须麦种植面积5800亩，每亩产量60千克。

经济作物种植情况。黄菜籽种植面积600亩，每亩产量60千克。牛尾巴黄菜籽种植面积3000亩，每亩产量40千克。山油菜种植面积400亩，每亩产量30千克。矮菜籽种植面积494亩，每亩产量45千克。滇东北小叶茶种植面积2191亩，每亩产量56千克。红橘种植面积179亩，每亩产量30千克。

（2）第二阶段。

1981年普查基本情况及农业生产情况。全县11个乡镇，71个行政村，县城所在地盐井镇。总人口27.6786万人，其中农业人口25.2299万人。汉族26.2164万人、苗族0.8753万人、回族0.0107万人、彝族0.0038万人、白族0.0019万人、壮族0.0008万人、傣族0.0007万人、傈僳族0.003万人、哈尼族0.0001万人、拉祜族0.0001万人。县域总面积2017平方千米，耕地面积68.5210万亩，草场面积87.9390万，林地面积108.6708万亩，水域面积16.7040万亩。全县生产总值6451万元，工业总产值1005万元，农业总产值4465万元，粮食总产值25663万元，经济农作物总产值13660万元，畜牧业总产值777万元，水产总值64万元，人均收入233元。高等教育占比8%，中等教育占比14%，初等教育占比32%，未受教育占比46%。

粮食作物种植情况。水稻种植面积73351亩，玉米种植面积221055亩，小麦种植面积47515亩。乌骚谷种植面积42100亩，每亩产量195千克。麦白一号种植面积123000亩，每亩产量210千克。盐三单交种植面积85020亩，每亩产量340千克。须须麦种植面积32110亩，每亩产量95千克。三月黄种植面积14000亩，每亩产量65千克。

经济作物种植情况。油菜种植面积35210亩，牛尾巴油菜种植面积26860亩，每亩产量75千克。茶叶种植面积23280亩，盐津小叶茶种植面积19800亩，每亩产量96千克。本地黄袍柑种植面积2474亩，每亩产量30千克。

（3）第三阶段。

2014年普查基本情况及农业生产情况。全县10个乡镇，94个行政村，县城所在地盐井镇。总人口38.2万人，其中农业人口30.2327万人。汉族36.7万人、苗族1.374万人、回族0.0133万人、彝族0.0299万人、白族0.0108万人。县域总面积2092平方千米，耕地面积57.13万亩，草场面积26.7万，林地面积187.0005万亩，湿地（滩涂）面积3.637305万亩，水域面积16.7040万亩。全县生产总值382212万元，工业总产值430444万元，农业总产值128283万元，粮食总产值49684万元，经济农作物总产值58290万元，畜牧业总产值65864万元，水产总值1006万元，人均收入5710元。高等教育占比17%，中等教育占比30%，初等教育占比52%，未受教育占比1%。粮食作物：水稻种植面积68805亩，玉米种植面积309630亩，小麦种植面积15600亩。汕优2号种植面积11220亩，每亩产量345千克。岗优22种植面积21330亩，每亩产量356千克。宜香3724种植面积8060亩，每亩产量306千克。岗优725种植面积5600亩，每亩产量372千克。宜香1577种植面积13600亩，每亩产量296千克。盐墨23种植面积80502亩，每亩产量375千克。大单种植面积45060亩，每亩产量402千克。雅玉10号种植面积65200亩，每亩产量436千克。雅玉889种植面积79806亩，每亩产量443千克。绵农6号种植面积14600亩，每亩产量369千克。经济作物：绵油2号种植面积80060亩，每亩产量204千克。盐津小叶茶种植面积45630亩，每亩产量180千克。黄金芽种植面积4100亩，每亩产量60千克。小富顶种植面积3300亩，每亩产量200千克。福选9号种植面积400亩，每亩产量190千克。盐津本地小花生种植面积18686亩，每亩产量126千克。

重点资源介绍。①盐津二荆条黄瓜。黄瓜的营养价值与功效有以下几点。第一，去火降燥，因为黄瓜有很好的去火降燥的功效，可以在夏天的时候食用，有很好的生津止渴的功效。第二，排毒减肥，因为黄瓜中含有丰富的膳食纤维，能够促进肠胃的蠕动，有利于排泄，而且黄瓜能够抑制糖分转化为脂肪，从而起到排毒减肥的功效。第三，美容护肤，因为黄瓜中含有黄瓜酶，能够促进新陈代谢，让肌肤变得光滑红润。二荆条黄瓜是盐津特有品种，主要分布在盐津县的牛寨乡、落雁乡、兴隆乡，产量每亩在1500千克左右，口感好，生吃解渴，可做成黄瓜罐头、黄瓜丝、酱黄瓜等，是餐桌上的一道美味佳肴。②盐津奶奶菜。又叫青菜，青菜的营养价值很多，因为青菜中含有多种营养成分，比如粗纤维、脂肪、胡萝卜素、蛋白质、碳水化合物、铁、钠和各种维生素，都是人体所必需的物质；青菜中富含维生素C，不仅仅可以提高抵抗力，还有抗癌的作用；另外青菜中还富含粗纤维，可以促进肠胃蠕动，缓解便秘。主要产于盐津的中高海拔地区，产量高，亩产2000～2500千克。通过盐津县农技中心几年提纯复壮，现在的盐津奶奶菜比以前的更受人喜爱，成了盐津人生活中必不可少的菜品。③盐津小花生，盐津小花生是高营养的食品，蛋白质含量为25%～36%，脂肪含量可达40%，花生中还含有丰富的维生素B_2、PP、A、D、E，钙和铁等。花生的脂肪含量占总营养的30%～39%，而植物性食物中脂肪含量较高的玉米才只有4%左右。但是花生对肥胖的影响并不大，如果适量食用，还能起到减肥的功效。因为它属于高热量、高蛋白、高纤维食物，可以增加饱腹感，也就是通常所说的“比较扛饿”。据研究，花生引起的饱腹感是其他高碳水化合物食物的5倍，吃花生后就可以相对减少对其他食品的需要，降低身体总热量的汲取，从而达到减肥效果。主要产于盐津县的落雁乡，亩产量200～250千克，个头小，但特别香。由于受别的品种冲击、产量不高等原因，现在种盐津小花生的越来越少。

2.3.7 大关县

（1）第一阶段。

1956年普查基本情况及农业生产情况。县域总面积1692平方千米、耕地面积52万亩、草场74万亩，林地117.63万亩，湿地10万亩，水域2.04万亩。总人口13.48万人，其中农业人口12.95万人。汉族12.5384万人、苗族0.5726万人、回族0.1873万人、彝族0.1815万人、水族0.0002万人。全县生产总值637.89万元；工业总产值96.18万元、农业总产值332.63万元、粮食总产值257.36万元。经济作物总产值33.28万元、畜牧业总产值14.77万元、水产总产值0万元、人均收入9.9元。高等教育占比0%、中等教育占比0%、初等教育占比 0.06%、未受教育占比 99.94%。农业基础设施薄弱，生产力极度落后，农作物栽培管理粗放，生态环境总体较好，人民生活水平总体较差。

粮食作物种植情况。玉米 337533 亩，品种有大关大黄玉米、大关大白玉米、大关白二季早，平均单产 83.765 千克。马铃薯 61591 亩，品种有河坝洋芋、脚板薯，平均单产 91.755 千克。水稻 41801 亩，品种有大白良谷、叶下藏，平均单产 162.935 千克。大豆 53745 亩，品种有大关黄皮豆、大关黑大豆，平均单产 20.705 千克。蚕豆 6998 亩，品种有大关大白蚕豆、大关小白蚕豆，平均单产 29.6 千克。豌豆 19277 亩，品种有大关菜豌豆、大关硬壳豌，平均单产 34.525 千克。小麦 13676 亩，品种有三月黄、老西麦、马拉麦，平均单产 46.06 千克。大麦 4069 亩，品种有大关大麦，平均单产 40.6 千克。高粱 1521 亩，品种有大关高粱，平均单产 37.6 千克。

经济作物种植情况。油菜 24671 亩，品种有大关黄菜子、大关苦菜子，平均单产 25.335 千克。花生 4506 亩，品种有大关小花生，亩产 86 千克。火麻 286 亩，品种有大关火麻，平均单产 56 千克。元麻 286 亩，品种有大关元麻，平均单产 70 千克。芝麻 286 亩，品种有大关芝麻，平均单产 20 千克。苏麻 286 亩，品种有大关黑苏麻、大关紫苏麻，平均单产 17 千克。

蔬菜种植情况。四季豆 940 亩，品种有大关四季豆，平均单产 25.5 千克。土芋 1508 亩，品种有大关土芋，平均单产 43 千克。茄子 35581 亩，品种有大关长茄子、大关短茄子，平均单产 22.405 千克。

（2）第二阶段。

1981 年普查基本情况及农业生产情况。县域总面积 1692 平方千米、耕地面积 52 万亩、草场 121.608 万亩，林地 68.152 万亩，湿地 10 万亩，水域 2.04 万亩。总人口 19.04 万人，其中农业人口 18.2 万人。汉族 17.6274 万人、苗族 0.8209 万人、回族 0.3126 万人、彝族

0.2785万人、白族0.001万人、阿细族[①]0.0004万人、纳西族0.0002万人、傈僳族0.0002万人。全县生产总值3700万元；工业总产值208万元、农业总产值2026万元、粮食总产值1300万元。经济作物总产值36万元、畜牧业总产值400万元、水产总产值29万元、人均收入129元。高等教育占比0%、中等教育占比38%、初等教育占比58%、未受教育4%。农业基础设施薄弱，生产力极度落后，农作物栽培管理粗放，生态环境总体较好，人民生活水平总体较差。

粮食作物种植情况。玉米180745亩，品种有大白包谷、二季早白包谷、二季早黄包谷、大黄包谷、小金黄包谷、墨白1号、73单交、惊蛰包谷等，平均单产146.6千克。马铃薯62091亩，品种有米拉、河坝、立生、脚板薯、小甘薯、昭农1号等，平均单产1283千克。水稻21542亩，品种有大白良谷、小白良谷、叶下藏、乌脚粘、红脚粘、南优6号、大关1号、印度红、桂潮二号等，平均单产186千克。大豆35364亩，品种有黄皮大豆、小黑大豆、夹夹、六月，平均单产49千克。蚕豆4929亩，品种有大白蚕豆、小白蚕豆，平均单产44.5千克。豌豆2186亩，品种有菜豌豆、硬壳豌豆，平均单产25.2千克。小麦32189亩，品种有三月黄、老西麦、马拉麦、酱麦、阿波麦等，平均单产54.7千克。荞麦13224亩，品种有大关苦荞、大关甜荞，平均单产90.4千克。高粱306亩，品种有大关糯高粱、大关饭高粱，平均单产84.3千克。甘薯8535亩，品种有乌沙苕、南瑞苕、洋白薯、香薯，平均单产165.8千克。

经济作物种植情况。油菜12334亩，品种有大关黄菜子、大关苦菜子，平均单产40.9千克。花生2373亩，品种有大关小花生、大关大花生，亩产98.5千克。火麻120亩，品种有大关火麻，平均单产23千克。元麻539亩，品种有大关苎麻，平均单产17.5千克。烤烟

① 阿细族为彝族的支系之一。

3657亩，品种有红花大金元，平均单产107千克。茶叶8000亩，品种有大关苔地茶，平均单产12.5千克。魔芋1178亩，品种有大关白魔芋、大关花魔芋，平均单产155千克。

蔬菜种植情况。四季豆9600亩，品种有大关四季豆，平均单产40千克。大白菜5000亩，品种有裹心白、二阴白、黄秧白，平均单产1000千克。青菜1000亩，品种有大关青菜，平均单产1100千克。南瓜1200亩，品种有大关长南瓜、大关饼子瓜，平均单产297千克。甘蓝300亩，品种有大关莲花白，平均单产310千克。黄瓜800亩，品种有大关黄瓜、寸金黄瓜，平均单产149.5千克。

果树种植情况。柑橘1000亩，品种有大关大红袍，平均单产50千克。樱桃60亩，品种有大关樱桃，平均单产30千克。

（3）第三阶段。

2014年普查基本情况及农业生产情况。县域总面积1692平方千米、耕地面积28.39万亩、草场134.84万亩，林地75.6万亩，湿地10万亩，水域2.04万亩。总人口28.6631万人，其中农业人口23.09万人。汉族26.2103万人、苗族1.2332万人、回族0.6165万人、彝族0.5496万人、布依族0.0087万人、壮族0.0069万人、白族0.0065万人、哈尼族0.0062万人、傣族0.0031万人、蒙古族0.0014万人、满族0.0012万人。全县生产总值276148万元；工业总产值170118万元、农业总产值91920万元、粮食总产值17055万元。经济作物总产值7267万元、畜牧业总产值55000万元、水产总产值3600万元、人均收入4228元。高等教育占比4%、中等教育占比51.01%、初等教育占比44.54%、未受教育占比0.12%。人口向城镇流动转移和农村劳动力老龄化，农业生产现代化、产业化、规模化，市场商品化程度低，经济效益不明显。

粮食作物种植情况。玉米206200亩，品种有大关二季早白包谷、大关二金黄包谷、扎单202、盐墨23、毕玉7号、鲁三3号、昭阳

6号等，平均单产249.93千克。马铃薯128790亩，品种有米拉、威芋3号、会-2、云薯401、滇薯6号、靖薯2号等，平均单产1586.83千克。水稻30000亩，品种有大关粍子糯、大关桐子糯、宜香725、宜香3724、宜优1988、冈优725、丰优香占等，平均单产482千克。蚕豆14670亩，品种有大关大白蚕豆、大关小白蚕豆，平均单产60.53千克。豌豆13275亩，品种有大关菜豌豆、大关硬壳豌豆，平均单产54.16千克。小麦36000亩，品种有绵阳31、绵麦37等，平均单产80.17千克。荞麦816亩，品种有大关苦荞、大关甜荞，平均单产91.91千克。燕麦615亩，品种有大关燕麦，平均单产60.16千克。大豆11790亩，品种有大关高脚黄豆、大关黄皮豆、砣砣豆、巨丰大豆，平均单产111.7千克。甘薯54615亩，品种有香薯、花生苕、南瑞苕、乌沙苕，平均单产313.5千克。

经济作物种植情况。花生4230亩，品种有大关小花生、大关红花生，亩产112.13千克。茶叶8000亩，品种有大关苔地茶，平均单产30千克。魔芋12615亩，品种有大关白魔芋、大关花魔芋，平均单产1600.1千克。百合25亩，品种有大关百合，平均单产100千克。天麻1530亩，品种有乌天麻，平均单产102千克。烤烟13665亩，品种有云85，平均单产97千克。土烟165亩，品种有大叶烟、柳叶烟、兰花烟，平均单产42千克。

蔬菜种植情况。菜豆3705亩，品种有大关四季豆、九米豆、春秋架豆、高产紫架，平均单产496.3千克。大白菜23520亩，品种有大关二阴白、山东4号，平均单产1000千克。白萝卜9870亩，品种有大关厚皮萝卜、耐病松太萝卜、德日2号，平均单产954.3千克。南瓜4680亩，品种有大关长南瓜、大关饼子瓜、大关葫芦南瓜，平均单产261.3千克。茄子4545亩，品种有大关茄子、优盛早茄、精正长茄、大田红枫、三月茄，平均单产302.7千克。黄瓜3645亩，品种有大关黄瓜、寸金黄瓜，平均单产288.5千克。辣椒2085亩，品种有大关辣椒、辛香8号、薄辣1号、香辣王、铁血狠、香辣8819等，平均单产316.5千克。生姜10485亩，品种有大关小黄姜，平均单产685千克。大蒜1395亩，品种有大关大蒜，平均单产140千克。芹菜1395亩，品种有大关芹菜、雪白芹菜、美国西芹，平均单产405千克。葱2535亩，品种有大关小分葱、大关火葱、昭通分葱，平均单产466.1千克。番茄1455亩，品种有大关番茄、夏冠F1、悦佳，平均单产728.3千克。菠菜2505亩，品种有大关菠菜、四季三叶菠菜、卡特尔菠菜，平均单产398.7千克。豇豆1950亩，品种有大关豇豆、折不败豇豆、宁豇一点红，平均单产491千克。

果树种植情况。李子1500亩，品种有大关李子、林关鸡雪李、绥江半边红，平均单产520千克。樱桃800亩，品种有大关樱桃，平均单产600千克。重点特色资源。①耗子糯水稻。此品种在大关自留种种植历史悠久，抗性强，耐连作，米香味浓，糯性好，食味佳。现在全县年种植面积不足20亩，种质资源稀少，濒临灭绝。②大关寸金黄瓜。为大关县天星镇独有品种，种植已上百年。此品种早熟，单果小巧玲珑，品质好，食味香脆爽口，现为大关县天星镇春早名优大棚栽培专用果蔬品种。③大关黑苏麻。该品种适应性强、抗病性强，因品质好，油性足，其味香酥，吃味好。在大关县自留种栽培种植已上百年，但该品种产量低，现种植农户较少，濒临灭绝。④大关野五谷子。生长在沼泽及地边，种群少，具有较高的药用、食用价值。医用功能：健脾利湿、清热排脓。药用主治：用于脾虚腹泻、水肿脚气、湿痹拘挛、白带、肺脓疡、阑尾炎等。⑤大关小白花生。该品种油性足，其味香纯，吃味好。在大关县自留种栽培种植已上百年，具有较高的药用、食用价值。医用功能：健脾养胃，润肺化痰。主脾虚不运，反胃不舒，乳妇奶少，脚气，肺燥咳嗽，大便燥结。⑥昭参、黄连、乌天麻、翠华茶，汝兰、大关筇竹等资源也逐步引起各界重视。

2.3.8 永善县

（1）第一阶段。

1956年普查基本情况及农业生产情况。1950年4月8日永善县人民政府成立、县城所在地井田镇，将原乡镇划为5个区，并以原乡名的第一个字组成区名，即：莲中茂墨（莲峰镇、中和乡、茂林乡、墨翰镇）；崇大新（崇德乡、大兴镇、新民乡）；黄庆务（黄华镇、庆云乡、务基镇）；井玉佛（井田镇、玉笋乡、佛滩乡）；桧自双（桧溪镇、自强乡、双河乡）。同年8月31日，废民国时期的乡镇保甲制，改设区、乡（镇）、村三级制，全县划分为6个区。又于12月28日改设4镇44乡。1951年底，增设乡镇，计全县共6区5镇93乡。1953年9月改建成10区2镇118乡，1955年2月黄华镇改为黄华乡，井田镇为县辖镇。至1956年未变，1956年总人口18.5522万人，其中农业人口17.9956万人。彝族6873人、苗族6387人、回族460人。受教育情况：中等教育占比1.2%、初等教育占比3.4%、未受教育占比95.4%。全县总面积2789平方千米，耕地面积62.352万亩、草场面积116.62万亩、林地面积230.7万亩、湿地面积0.62万亩、水域面积3.28万亩。生产总值2975万元，工业总产值186万元，农业总产值1715万元，粮食总产值917万元，经济作物总产值2万元，畜牧总产值271万元，人均收入24元。生产条件差，劳动生产率低下，以互助合作为主的农业生产模式。1956年种植的粮食作物主要以水稻、玉米、大豆、马铃薯、甘薯为主，品种均是本地品种或周边地区外引地方品种。水稻52121亩。玉米34.19万亩，主要品种：白马牙5.5万亩、黄马牙5.5万亩、黄二季早4万亩、白二季早4万亩、金黄早2万亩。马铃薯9.34万亩，主要品种：枕头洋芋3.5万亩、耗儿洋芋3.5万亩、白花洋芋2.34万亩。甘薯（永善红薯）1.4万亩。荞麦5.81万亩（甜荞2.81万亩、苦荞3万亩），纤子燕麦2.12万亩。经济作物面积少，经济效益低。黄油菜1.33万亩、花生0.44万亩、甘蔗台糖1号0.74万亩、金江红橘455亩、永善梨583亩。

（2）第二阶段。

1981年普查基本情况及农业生产情况。1958年10月调整更名区划，把区更名为人民公社、乡更为大队。1959年1月30日，上级批准建立12个人民公社1个牧场，118个管理区。1965年井田镇更名为景新镇，增设大荡、官寨、松林3个公社234个生产队。计全县有12个区1个县辖镇，115个公社，2967个生产队。1966年5月13日划出桧溪区共14个公社归绥江县管辖。1969年4月23日复归永善。于同年将原区更为公社，原公社更为大队，计全县调整为12个公社1个县辖镇景新镇，116个大队，1404个生产队。直至1981年未变，1981年总人口32.6万人，其中农业人口31.3万人。彝族1.2326万人、苗族1.2066万人、回族832人。受教育情况：高等教育占比0.15%、中等教育占比2%、初等教育占比53%、未受教育占比44.85%。全县总面积2789平方千米，耕地面积52.1672万亩、草场面积96.22万亩、林地面积121.11万亩、湿地面积0.62万亩、水域面积5.28万亩。生产总值6021.55万元，工业总产值784万元，农业总产值5085万元，粮食总产值2188.2万元，经济作物总产值670.94万元，畜牧总产值1392万元，人均收入162.29元。农田基本建设落后，农业技术推广处于起步阶段，受气候条件制约大，杂交优势在生产上的作用被越来越多的农民群众认识，急需大力发展各作物育种。1979年，引进南优2号、南优6号、汕优2号亲本组合，从湖南省聘请高级农业技师指导，在井底开展水稻制种43.25公顷。1981年，改制种威优6号、汕优6号组合。1981年县内首次在井底区推广种植杂交玉米73单交0.33公顷。品种应用仍以地方品种为主，开始应用外地新选育的良种。水稻4.43万亩，主要品种：桂朝2号1万亩、桂朝13号1万亩、成都矮0.6万亩、汕优6号0.2万亩、威优6号0.1万亩、百日早0.25万亩、冷水谷0.15万亩、乌脚早0.1万亩、姬糯0.1万亩、高秆酒谷0.1万亩。玉米23.06万亩，主要品种：白二季早6万亩、金黄早5万亩、白马牙3.5万亩、大火黄2万亩、小火白2万亩、73单交5亩。小麦4.52万亩，主要品种：永麦1号、永麦2号、雅安早、墨西哥128号、黔永1号、黔永2号昭麦1号。马铃薯13.27万亩，主要品种：小白花洋芋、河坝马铃薯、枕头马铃薯、耗儿马铃薯、巴巴马铃薯、米拉洋芋、广地农1号、品比4号、4043、实单选1号。荞麦5.88万亩，主要品种：大苦荞3万亩、黑荞子1.5万亩、圆子荞1.38万亩。甘薯1.87万亩，蚕豆1.4万亩。油菜1.94万亩、花生0.59万亩、甘蔗1.01万亩、蔬菜1.21万亩、沙河红橘0.3万亩、永善本地苹果0.13万亩、茶0.1万亩。

（3）第三阶段。

2014年普查基本情况及农业生产情况。1988年县辖镇不变，撤区改乡，撤乡改为村或办事处，将景新镇和井底区合并为景新镇，新增细沙、青胜、水竹、万和、伍寨和黄坪6乡。全县有17乡1个县辖镇，下辖120村、14个办事处。其中马楠乡苗族彝族乡，伍寨乡为彝族苗族乡。2002年为打造溪洛渡电站品牌，将景新镇改名为溪洛渡镇，2005年佛滩乡并入溪洛渡镇，黄坪并入黄华镇，莲峰乡、万和乡合并为莲峰镇。全县6镇9乡。至2014年永善县有15个乡镇，114个村，28个社区，2741个村民小组，县辖镇溪洛渡镇。2014年总人口46.3014万人，其中农业人口40.6903万人。彝族2.2169万人、苗族1.4306万人、回族0.1576万人。受教育情况：高等教育占比2%、中等教育占比32.5%、初等教育占比55.3%、未受教育占比10.2%。全县总面积2778平方千米，耕地面积84.616万亩、草场面积91.622万亩、林地面积176.73万亩、湿地面积0.852万亩、水域面积3.361万亩。生产总值645107万元，工业总产值311685万元，农业总产值186089万元，粮食总产值39554万元，经济作物总产值60699万元，畜牧总产值74800万元，水产总产值540万元，人均收入6380元。种植面积达

174万亩，总产量55.5万吨，总产值31.34亿元。完成中低产田地改造建设面积2.7万亩，完成投资4328万元。完成小型水利工程179件，沟渠55千米，管网长度150.1千米，田间机耕路41千米，坡改梯0.1万亩，土地平整0.71万亩，生物农艺措施0.2万亩。农机总动力突破16万千瓦，机耕面积达20万亩以上。顺利实施基层农技推广体系改革与建设补助项目、植保工程建设项目、基层农技推广体系建设项目，配备相关设备仪器，县乡站所办公设施条件全面夯实，推广手段全面改进，服务能力全面提升。1982年开始73单交组合和京杂6号组合杂交玉米制种，每公顷产量2946千克，由于制种单一，成本高，不适应市场需求，1985年停止杂交玉米制种。1984年，通过改进制种技术，配制杂交水稻大威优6号2.33公顷。由于制种规模小、粮比大、成本高等原因而结束杂交水稻制种工作。1989年，实施杂交水稻D优63、汕优63组合制种21.61公顷，生产种子39341.67千克，县内初步实现杂交水稻籽种自给。1990年，配制杂交水稻D优63、汕优63组合29.09公顷，生产种子93058.53千克，实现县内杂交水稻籽种自给有余，并外销其他地区。1991年以后我县两杂良种大部分属于周边地区外调品种，缺少地方优良品种。经济作物主要以甘蔗、红橘、油菜为主，且品种均为地方品种。2014年，主要农作物品种以玉米、水稻均为杂交品种。水稻播种面积51540亩，其中宜香3724、丰优香占、Ⅱ优6号、宜香1577和中优448等5个品种面积42000亩。玉米播种面积240405亩，其中红单6号、扎单202、鲁三3号、会单4号和盐墨23等5个品种面积220000亩。小麦播种面积57570亩，其中绵阳29号和绵阳30号合计57570亩。马铃薯248520亩，主要品种会-2、威芋3号、宣薯2号和威芋5号。甘薯播种面积69315亩，其中兰水苕和香薯合计69315亩。永善本地燕麦14130亩。荞麦播种面积42360亩，其中黑苦荞、圆子荞和花桥合计42360亩。大豆播种面积43920亩，其中永善小黄豆和永善大黄豆各1万亩。永善本地蚕豆18960亩。豌豆播种面积14415亩，其中甜脆豌、食夹大脆菜豌和猪沙豌合计14000亩。经济作物主要有脐橙、枇杷为主，种植品种多元化、魔芋均为地方特色品种，特色产业逐步发展壮大。油菜60750亩，其中绵油11号5万亩、本地黄油菜10750亩。花生8040亩，魔芋69750亩，其中白魔芋5万亩、花魔芋19780亩。柑橘13965亩、枇杷9930亩、李子2145亩、桃3060亩，黄瓜2880亩、南瓜5580亩、茄子1980亩、辣椒5670亩、番茄1275亩、白萝卜14415亩、四季豆6450亩、大白菜39705亩。

重点资源介绍。①野生猕猴桃。永善县地处滇东北的乌蒙山脉西北面，金沙江南岸。海拔340～3199.5米。海拔高低悬殊大，形成了典型的立体气候，造就了猕猴桃的种类和类型的多样性，经初步调查，永善县境内从海拔340米的金沙江边到海拔2200米的高二半山区都有野生猕猴桃分布，据云南省农科院园艺作物研究所调查，永善县细纱乡海拔1900～2000米的区域，分布有众多的野生猕猴桃群落，这些猕猴桃群落分布集中，密度大。在这些猕猴桃种群中，有多个种的猕猴桃资源，呈现出猕猴桃资源的多样性。这些种包括葡萄叶猕猴桃、京梨猕猴桃、异色猕猴桃、昭通猕猴桃、美丽猕猴桃、中华猕猴桃、葛枣猕猴桃、软枣猕猴桃等十多个品种，有待专家鉴定。野生猕猴桃资源价值是提高猕猴桃质量、产量的关键性资源，保护好有巨大潜力的野生猕猴桃种质资源，加快重要优异功能基因的发掘，对发展猕猴桃产业具有重要意义，也为农业可持续发展提供宝贵的物质基础。可作为复壮、优选高抗性育种亲本基础繁育材料。最终目的是利用生物技术的发展最大化地利用资源，将它们的潜在价值变成现实价值，造福于人类。其特点是纯原生态植物，素有水果之王的称谓，个头小而均匀、肉质特甜而鲜美，能适应2200米高海拔区域种植，具有良好的耐寒性和抗病性，种质资源多样性，有待考察研究。②金江红橘。云南省永善县海拔从400米到1500米层叠分布，立足本身独特的气候和资源优势，江边河谷地带重点分布种植，即：永善县青胜乡、桧溪镇、团结乡、溪洛渡镇、务基镇、黄华镇、莲峰镇、大兴镇、码口镇共九个乡镇，地理位置东经103°15′～104°01′，北纬27°30′～28°30′，东西横距46.6千米，南北纵距121.2千米。并形成独具特色的产业链。早在200多年前，黄华就有成园柑橘林，特别是沙河红橘品质最优，在1981至1983年省鉴评会上连续3年被评为质量第一，1983年西南5省鉴评会上化验评比，其维生素含量、糖分含量很高。其价值是柑橘类的代表，历史悠久的品种代表，它的药用功能也很强。其皮、络（橘瓤上的筋络叫橘络）、核、叶都是中药。尤其是橘皮（中医处方中称为陈皮），药用价值更大。红橘对于治疗冠心病、高血压、急慢性支气管炎、老年咳嗽气喘等疾病都有一定疗效；其特点以色鲜个大皮薄、肉嫩汁多、优质味美而闻名，营养价值高，含有丰富的糖类和多种维生素，特别是维生素C的含量比较高，还含有橘皮苷、柠檬酸、苹果酸、枸橼酸、胡萝卜素等多种对人体健康有益的物质。③永善高秆糯谷。远近闻名100多年，植株高130厘米左右，单株3～5个分蘖，单穗粒数130～150粒，亩产500～650千克；米粒短而发亮，软、香、糯、黏性好；制作汤圆水清澈，煮熟的汤圆放置几天不变硬，尤其溪洛渡镇白沙村堰塘组品质最为出名，在永善县海拔为800～1300米区域有少量种植。营养和药用价值高、富含多种维生素，它主要的功效是补中益气，治消渴、溲多、自汗、尿频、便泄这一类的作用。临床上常用于：补虚、补血、健脾暖胃，主要适用于脾胃虚寒的人群，食欲减少，同时有泄泻，腹泻和气虚。比如气短乏力、神疲懒言，还有妊娠腹坠胀感。销售比其他糯米品种价格高3～4倍，在当地农户家中就能售完。④秤砣梨。（约200年）果实外形如秤砣，俗称秤砣梨，皮色为青色、肉白色、核小、单果重150～200克、香脆可口、肉嫩汁多、味甜；营养和经济价值高，富含多种维生素，梨中的果胶含量高，有助于消化、通利大便，含有丰富的B族维生素，能保护心脏，减轻疲劳，增强心肌活力，降低血压。梨所含的配糖体及鞣酸等成分，能祛痰止咳，对咽喉有养护作用。梨性凉并能清热镇静，常食能使血压恢复正常，改善头晕目眩、咽干上火等症状。梨有较多糖类物质和多种维生素，易被人体吸收，增进食欲微苦，清凉下火。在永善县海拔为1000米黄华镇青杠村青杠二社发现一棵梨树，建议保护和开发利用。

2.3.9 绥江县

（1）第一阶段。

1956年普查基本情况及农业生产情况。1950年7月19日，成立绥江县人民政府，1951年，设区辖乡，全县设4区29乡，其中一区辖中城镇及后坝、回望、石溪、银厂、新滩；二区辖梁村、鹿窝、南岸、官村、良姜、田坝、铜厂、中村；三区辖板栗、中坝、关口、盐井、清水；四区辖大沙、石龙、会仪、三渡、德化、寿丰、新安、太平、古楼。8月，调整行政区划为49个村1个镇，其中，一区11个村1个镇，二区13个村，三区9个村，四区16个村，新设村有农业、椒子、凤池、华锋、莲花、新华、楠木、绍廷、干溪、德华、火盆等。1953年，建立乡政权，全县设5个区分辖33个乡及1个镇。一区辖中城镇和后坝、凤池、回望、华锋、石溪、银厂、新滩7乡；二区辖农业、官村、南岸、鹿窝、田坝、良姜、绍廷、中村、铜厂9乡；三区辖板栗、清水、庙子、关口、田坝5乡；四区辖建设、黄坪、三渡、会仪、和平、德寿、新安7乡；五区辖太平、古楼、盐井、复兴、二溪5乡。至1956年不变，1956年总人口6.7639万人，其中农业人口6.2032万人。苗族205人，彝族8人。全县总面积946.37平方千米，耕地35.0637万亩，林地61.511万亩。工业农业生产条件差，劳动生产率低下，以互助合作为主的农业生产模式总产值121万元，农业总产值545万元，人均收入38.2元。农业生产条件差，劳动生产率低下，以互助合作为主的农业生产模式。1956年种植的粮食作物主要以水稻、玉米、大豆为主，品种均是本地品种或周边地区外引地方品种。

拥有玉米常规种16个，面积玉米190031亩，主要品种有二季早、青口子白包谷、金黄早、金黄后、马牙办白包谷。水稻常规种40个，面积60578亩，主要品种有竹丫谷、马边谷、冷水谷、矮子酒谷、盐津冷水谷。大豆43678亩，主要有白毛子4367.8亩、黄壳呷13103.4亩、绿兰子13103.4亩；小豆43678亩；绿豆717亩。甘薯5235亩，其中南瑞苕1832.25亩，二红皮3402.75亩。马铃薯4236亩，主要品种有：乌洋芋1694.4亩，大白花洋芋1906.2亩，粑粑洋芋423.6亩，牛角洋芋211.8亩。高粱1853亩、小麦35064亩、大麦7509亩。主要经济作物种类多，各作物面积少，品种杂，经济效益低。甘蔗309亩，品种有印度红、绿毛干、白甘蔗、红甘蔗、罗汉甘蔗。花生913亩，其中大花生182.6亩、小花生730.4亩。棉花679亩，品种有洋棉、土棉。苎麻圆麻226亩、芝麻319亩、紫苏543亩、蓖麻4亩、油菜14100亩、黄麻9亩、大麻144亩。

（2）第二阶段。

1981年普查基本情况及农业生产情况。1959年人民公社化，将5个区改建为5个人民公社。即凤池公社、农业公社、板栗公社、会仪公社、太平公社，1981年农村体制改革，政社分设，改凤池、农业、板栗、会仪、太平5个社为5个区。原公社所辖生产大队改称乡。同年太平区及会仪区的新安、新寿乡划归水富县。中城镇为县直属镇。4个区下辖28乡，3镇，193个自然村。总人口11.7762万人，其中农业人口10.6498万人。彝族36人、白族15人、苗族233人、侗族5人、满族5人、回族5人、布依族1人、傣族8人、壮族5人、哈尼族1人。受教育情况（1982年）：高等教育占比0.09%、中等教育占比1.6%、初等教育占比10.24%、未受教育占比88.07%。全县种植面积761平方千米，耕地面积20.8014万亩，草场面积16.261万亩，林地面积47.448万亩，水域面积4.8733万亩；工业总产值708万元、农业总产值2379万元。农田基本建设落后，农业技术推广处于起步阶段，受气象条件制约大，杂交优势在生产上的作用被越来越多的农民群众认识，急需大力发展各作物育种。1981年，品种大部分属于本地品种或周边地区外引地方品种，常规水稻品种数量较多，缺少优良品种，在引进外来培育品种的同时，我县玉米育种正在异军突起，大力发展，拥有玉米自交系1729个，产生测交组合700余个。玉米156546亩，地方品种共有24个，主要有黄二季早38607.3亩、青口子24178.8亩、金黄早15886.8亩、小白包谷4408亩、惊蛰2840亩，培育品种22个，主要有：73单交8322.1亩、草单9号1120亩、顶交555亩、单玉六号457亩、单玉七号316。水稻35774.6亩，品种多达111个，主要品种：南京谷6473.5亩、竹丫谷3546.5亩、无名稻2454.5亩、矮驼151 2196.5亩、二半山白酒谷1949.9亩。小麦41651.9亩，品种有46个，主要有：雅安早13971.5亩、甘麦7264.2、大头黄6247亩、七0二3357.8亩、阿波麦4616.7亩。蚕豆1347.7亩，其中小胡豆572.1亩、大胡豆775.6亩。豌豆2176亩，6个品种，其中单角豌1023.3亩、麻豌974.4亩、二白豌96亩、大白豌49.3亩、莱豌豆24.2亩，小菜碗豆8.8亩。甘薯14411.5亩，6个品种，其中南瑞苕11376.5亩、简阳苕2676亩、花生苕301亩、北京苕40亩、乌沙苕8亩。马铃薯12238.6亩，其中米拉11576.6亩、双季洋芋530亩、绥江本地黄洋芋110亩、大白花洋芋17亩、红洋芋5亩。主要经济作物有甘蔗1924亩，花生220亩，油菜31357亩，品种9个，主要有胜利油芽10836.7亩、花叶油菜6269.8亩、牛尾巴2473.4亩、云油8778.5亩、湖油2号642亩，柑橘红袍柑1235亩，李子500亩，其中长五干300亩、半边红200亩；茶树2093亩，红麻384亩，魔芋20000亩。

（3）第三阶段。

2014年普查基本情况及农业生产情况。1988年初，区乡体制改革，撤销区建制，全县设4镇2乡。将原区辖乡更名村公所和办事处归乡镇管辖；镇辖称办事处，乡辖称村公所。年末，中城镇辖人民街、金江街、农业、大沙、后坝、凤池、回望、华峰8个办事处；南岸镇辖胜利、南岸、互助、团结4个办事处；新滩镇辖新滩、石溪、银厂、石龙、鲢鱼5个办事处；会仪镇辖会仪、黄坪、和平、三渡4个办事处；田坝乡辖田坝、良姜、绍廷、中村、铜厂5个村公所；板栗乡辖双河、板栗、中岭、中坝、清水、桂花、关口、罗坪8个村公所。至2014年末，县辖中城、南岸、新滩、会仪、板栗5镇，31个村，11个社区，730个村民小组，331个居民小组，全县总人口数16.7686万人，其中农业人口11.905万人，回族18人、侗族21人、苗族608人、壮族87人、布依族34人、彝族330人、白族44人、白族44人、哈尼族40人、拉祜族37人、土家族30人。全县总面积748.7763平方千米，耕地面积20.2164万亩，草场面积7.59183万亩，林地面积67.502025万亩、湿地（滩涂）面积0.002715万亩，水域面积5.91873万亩。生产总值189500万元，工业总产值63473万元，农业总产值61700万元，粮食总产值7225.75万元，经济作物总产值13674.25万元，畜牧业总产值27400万元，水产总产值2600万元，人均收入19127元。形成了绥江半边红李、魔芋、生态渔业等农业产业。全县有水果种植面积6.89万亩，水果实现产值1.35亿元，带动21个村，354个村民小组，10870户农户发展种植绥江半边红李子，半边红李已成为农民增收致富的重点支柱产业；魔芋种植面积2.02万亩，实现产量1.24万吨；完成首批库区网箱养殖项目、大石盘流水养殖示范基地项目、鲢鱼村现代渔业示范园项目，新增渔业产值2500万元以上。全县拥有水产养殖面积6.71万亩，完成水产品产量2435吨。完成农机作业面积20万亩次，农业机械种动力6.8万千瓦。1985年育成的玉米改良单交种草墨，于1991年经过云南省昭通地区农作物品种省的委员会审定，亩产300～400千克，深受广大农户的欢迎，并在相邻的屏山、水富、永善等有一定种植面积。1990年育成玉米种九墨（审定编号：昭审2000003），九墨平均亩产417.7千克。盐墨（审定编号：昭审 2000002），亩产 330～500 千克，在盐津、永善、屏山得到大面积推广种植。2014 年，主要农作物品种玉米、水稻、马铃薯均为杂交品种，玉米播种面积 80000 亩，主推培育品种 11 个，其中资玉 8 号 12500 亩、资玉 2 号 12000 亩、资玉 6 号 15600 亩、雅玉 15 9000 亩、雅玉 719 8700 亩。水稻品种 9 个，中优 177 3500 亩、国丰 1 号 2500 亩、两优 1259 1800 亩、中优 445 1800 亩、禾丰优 177 3100 亩。小麦 40000 亩，主要有川麦 104 9000 亩、绵阳 15 8000 亩、绵阳 21 9000 亩、绵阳 25 8000 亩、绵阳 19 4100 亩。马铃薯 20100 亩，本地米拉 2100 亩，培育品种威芋 3 号 3000 亩、合作 88 7000 亩、会 -2 号 8000 亩。蚕豆 10000 亩，其中绥江本地小蚕豆 5000 亩、绥江本地大蚕豆 5000 亩。豌豆 10000 亩，其中绥江本地豌豆 5000 亩、青豌豆 1900 亩、麻豌豆 2100 亩、菜豌豆 1000 亩。经济作物主要有李、魔芋、油菜，种植品种少面积大，李子、魔芋均为地方特色品种，逐步发展以半边红李为特色的地方产业。李 64000 亩，其中半边红李 60000 亩、江安李 1000 亩、长五杆白李子 2000 亩、血疤李 556 亩、桐子李 370 亩，培育品种 3 个，其中五月脆 67 亩、早美丽 7 亩。魔芋 20000 亩，2 个品种，其中白魔芋 18000 亩、花魔芋 2000 亩。油菜 40000 亩，绥江本地油菜 4000 亩，培育品种 5 个，绵阳 11 号 7000 亩、绵油 12 号 7000 亩、绵油 309 7200 亩、川农油 2 号 7400 亩、国豪油 5 号 7400 亩。

重点资源介绍。①半边红李子。绥江半边红李果形近扁圆形，果面光滑，颜色以半边暗红晕为主，缝合线浅，果点明显，分布均匀，果皮薄，有果粉、离核，核小，果肉呈黄绿色，质脆细腻，酸甜适中，耐储存。绥江半边红李子品质优、口感好，具有促进消化、清肝利水的功效，抗氧化剂含量高，被称为抗衰老、防疾病的“超级水果”。1999 年 6 月，绥江县农业局进行“半边红李”品种资源调查时，在新滩镇银厂村 2 组老鸹山一村民屋后发现 1 株树龄 15 年左右的大果“半边红”李树。通过田间初选→复选、中试→决选，历时 10 余年选育出了优质、大果的绥江半边红李子。2015年通过云南省非主要农作物品种认定，正式命名为“绥江半边红李”，品种登记号为云李1号；2016年，绥江半边红李地方标准（《绿色食品绥江半边红李生产技术综合规程》《绥江半边红李苗木质量分级》和《绥江半边红李外观等级》）经云南省质监局备案实施；2018年获得农业农村部“农产品地理标志”认证。绥江县属亚热带、暖温带共存的高原季风立体气候，四季不明显，年平均气温17℃，具有冬无严寒、夏无酷暑、雨热同季、干湿分明等特点，是半边红李最佳优生区，适宜在沿金沙江河谷海拔400～1000米阳坡地，土层深厚、土质肥沃（有机质含量≥20克/千克，土层深厚，活土层60厘米以上，土壤pH值5.5～6.5，地下水位1.0米以下）的耕地栽培，其中以海拔400～800米范围种植的绥江县半边红李品质优、口感好，因果实向阳面呈红色或暗红色、果皮底色为绿黄色，得名“半边红”，每亩栽培55棵。6月底上市，销售时间40天。一般单果质量大于或等于30.7 g。其中：特级果单颗重50克以上，每千克18～20颗；一级果单颗重40～49克，每千克22～26颗；二级果单颗重30～39克，每千克28～34颗；三级果单颗重20～29克，每千克36～50颗。2020年种植面积10万亩，投产面积6.65万亩，预计产量5万吨，产值2.8亿元。②品芋。绥江品芋属天南星科，形状似瓶子，又名瓶芋，水生，适宜土质厚的水田，个头大，有4～4.5千克，亩产平均2500千克，经济价值高，口感细腻、粉，注意防治炭疽病、叶斑病；香似龙涎仍酽白，味如牛乳，更兼细腻无渣，香滑嫩白而成为绥江名食。相传安史之乱，唐玄宗携杨贵妃到成都避难，时键为地方官为讨好皇帝，遂派人至绥江梁村挖品芋进贡。玄宗食后，高兴地说道，细腻而不涩，香软而味美，连呼一品。有诗云：谁同碧藕出泥池，未染分毫少弄姿。花貌不扬生皱褶，纤腰久伫起涟漪；明皇得见称高品，盛世迎来展玉肌；中外佳筵常约汝，软香细滑惹人思。③团结小花生。绥江县花生种植面积不大，但在南岸镇团结村有一种名为团结小花生的花生很受大众青睐，团结小花生个头小巧，颗粒饱满，壳薄、肉嫩、脆香、回甜、无腥味、味道浓郁清香、口感好。种植方式均是零散种植，耐旱，是普通老百姓留着送亲戚朋友的“土特产”。团结小花生是少有的本地花生品种，果实有单粒和双粒之分，产量不高，以“独米小花生”而闻名于全县。团结小花生的蛋白质、脂肪含量是普通花生1～2倍，含油量比普通花生高12%～23%，营养价值丰富。

2.3.10 水富市

（1）第一阶段。

1956年普查基本情况及农业生产情况。1956年还未成立水富县，当时的水富分布于“两省三县”（安边公社、水东公社、两碗公社、太平公社、新寿村、新安村），辖4个乡镇，21个村，县域总面积426平方千米，耕地面积9.54万亩，草场1.8万亩，林地47.4万亩，水域4.12万亩。总人口4.56万人，其中农业人口4.5万人。排名前10的民族分别是：汉族4.15万人、苗族0.18万人、回族150人、彝族102人、白族25人、壮族18人、布依族5人、满族4人、傈僳族4人、哈尼族3人。全县生产总值2520万元；工业总产值10万元，农业总产值238万元，粮食总产值190万元。经济作物总产值10万元，畜牧业总产值38万元，人均收入9.8元。无高等教育占比，中等教育占比0.2%，初等教育占比0.5%，未受教育占比99.3%。农业基础设施薄弱，生产力极度落后，农作物栽培管理粗放，生态环境总体较好，人民生活水平总体较差，土地资源未得到有效利用。

粮食作物种植情况：玉米4.96万亩，品种有白马牙、红马牙、大白玉米、小金黄玉米、糯苞谷，平均单产172千克；马铃薯2.5万亩，品种有本地洋芋、本地小洋芋，平均单产255千克；水稻2万亩，品种有糯稻、大南粘、冷水谷，平均单产150千克；小麦2.2万亩，均为本地群改种，单产98千克；红苕2万亩，品种为花生苕，单产220千克。

油料作物种植情况。花生0.5万亩，品种为扯蔸花生，单产80千克；酥麻0.4万亩，单产50千克；芝麻0.5万亩，单产60千克；油棬1.5万亩，单产150千克；油桐0.8万亩，单产250千克。

蔬菜种植情况。本地南瓜0.15万亩，单产600千克；本地黄瓜0.28万亩，单产500千克；茄子0.1万亩，单产300千克；本地豇豆0.3万亩，单产250千克；莴笋0.08万亩，单产0.02千克。

水果种植情况。红橘0.8万亩，单产300千克；桃子0.2万亩，单产420千克；杏子0.2万亩，单产400千克；樱桃0.1万亩，单产300千克；李子0.1万亩，单产1000千克。

（2）第二阶段。

1981年普查基本情况及农业生产情况。1974年4月，滇川两省协商签署，报经国务院批复，自7月1日开始，将云天化（云南天然气化工厂简称）厂址所在地的原宜宾县安边区的云富公社、横江区的水东公社和水河公社划归云南，设立云南省水富区，直属昭通地区领导，取水东、水河的“水”、安富的“富”，合称“水富”，行政管辖4个乡镇，县辖村21个。1981年8月14日，国务院同意将绥江县的太平公社、会仪公社的新安、新寿两个大队，盐津县的两碗公社与原水富区组建水富县，并于同年10月1日正式成立，行政管辖4个乡镇，县辖村个数21个。县域总面积426平方千米，耕地面积15.54万亩，草场29.55万亩，林地20.21万亩，水域1.6419万亩。总人口6.95万人，其中农业人口3.79万人。人口总数排名前10的民族分别是：汉族6.68万人、苗族0.23万人、彝族103人、回族52人、满族26人、壮族23人、白族17人、傈僳族12人、哈尼族7人、布依族3人、土家族3人。全县生产总值42304.5万元；工业总产值16798万元，农业总产值25506.5万元，粮食总产值18068万元，经济作物总产值6774.5万元，畜牧业总产值662万元，水产总产值2万元，人均收入84.6元。高等教育占比0.5%、中等教育占比0.7%、初等教育占比3.1%、未受教育占比12.5%。专业技术人员奇缺，农业基础设施薄弱，生产力极度落后，农作物栽培管理粗放，生态环境总体较好，缺资金、缺良种，人民生活水平总体较差。

粮食作物种植情况。玉米7.3407万亩，品种有黄京杂6号、绵单一号、绵单5号、墨白一号、金黄2号，平均单196千克；马铃薯2.2万亩，品种有本地小洋芋、本地洋芋，平均单产290千克；水稻2.9754万亩，品种有汕优63、桂朝2号、南京1号、竹丫谷，平均单产255千克；小麦1.8907万亩，品种为绵阳系列，单产176千克；红苕2.5万亩，品种为花生苕、单产270千克。

油料作物种植情况。油菜籽0.746万亩，品种川油系列、宜油系列、绵油系列，平均单产48.17千克；花生0.14万亩，品种为扯蔸花生，亩产100千克。

蔬菜种植情况。本地南瓜、本地黄瓜种植面积0.14万亩，平均单产700千克；本地豇豆、茄子、莴笋，种植面积0.88万亩，平均单产330千克。

水果种植情况。红橘0.95万亩，单产220千克；桃子0.6万亩，单产500千克；杏子0.42万亩，单产920千克；樱桃0.15万亩，单产360千克；李子0.2万亩，单产1200千克。

（3）第三阶段。

2014年普查基本情况及农业生产情况。2014年县域总面积426平方千米，耕地面积9.54万亩，草场1.4618万亩，林地47.4万亩，水域3.2495万亩。总人口10.46万人，其中农业人口5.7万人。人口总数排名前10的民族分别是：汉族9.9234万人、苗族0.3217万人、彝族1864人、回族96人、壮族21人、满族17人、哈尼族14人、傈僳族13人、白族12人、布依族5人。全县生产总值525207.04万元，工业总产值495114万元，农业总产值30093.04万元，粮食总产值4354.24万元，经济作物总产值10255.8万元，畜牧业总产值14054万元，水产总产值1429万元，人均收入6510.2元。高等教育占比0.05%、中等教育占比1.5%、初等教育占比93.95%、未受教育占比4.5%。农业基础设施有待进一步加强，生产力提高很快，农作物品种优良，栽培管理精良，生态环境总体较好，人民生活幸福。

粮食作物种植情况。玉米53640亩，品种有资玉系列、川单14、正红系列，平均单产270千克；马铃薯4825亩，品种有青薯、会-2号，平均单产1117千克；水稻35540亩，品种有岗优系列、绵优系列、宜优系列、金优系列，平均单产302.25千克；大豆5414亩，品种有大冬豆、小冬豆、改良大豆，平均单产185千克；小麦490亩，品种为绵阳系列，种植面积486亩，平均单产152千克；甘薯4485亩，品种为本地红苕，单产750千克。

油料作物种植情况。油菜籽15120亩，品种有川油系列、绵油系列、宜油系列，平均单产159千克；芝麻500亩，单产124千克；酥麻100亩，单产98千克。

蔬菜种植情况。本地南瓜2150亩，单产500千克；本地黄瓜1200亩，单产207千克；八月豆2000亩，单产300千克；本地七星椒1500亩，单产498千克；本地佛手瓜3000亩，单产1500千克；四季豆2500亩，单产386千克；莲花白2800亩，单产654千克；大白菜3000亩，单产510千克；芝豇-28 4000亩，单产312千克；茄子4500亩，单产408千克；小米辣2800亩，单产196千克。

水果种植情况。李子22000亩，单产761.7千克；枇杷1500亩，单产650千克；葡萄3000亩，单产1200千克；樱桃1500亩，单产298千克；脐橙2000亩，单产798千克；蓝莓1500亩，单产286千克。

3

主要做法

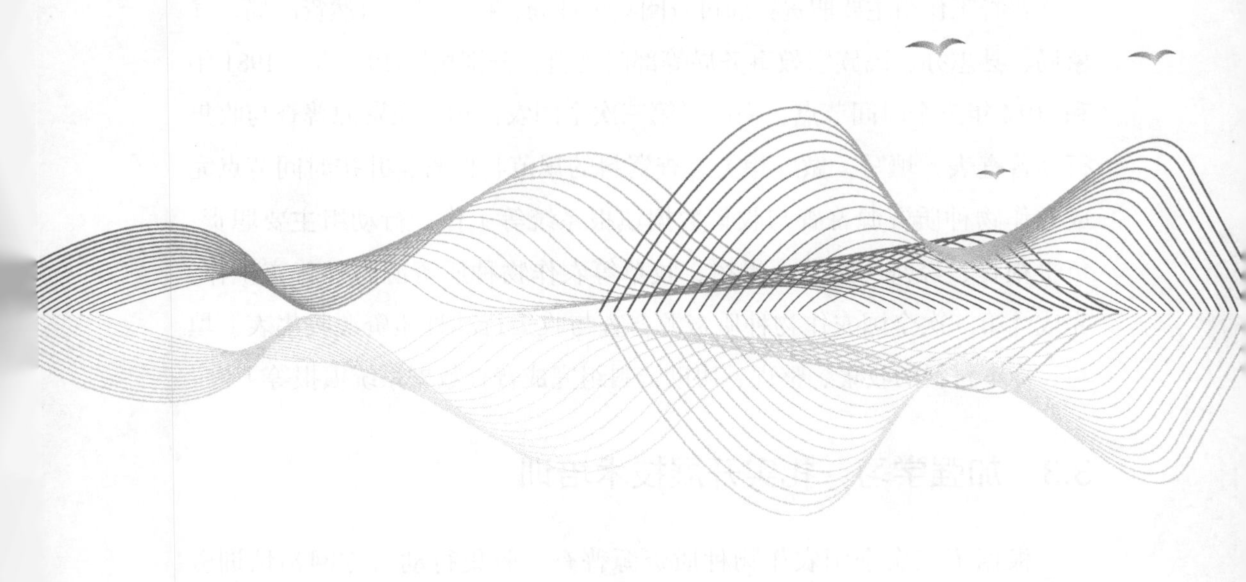

3.1 高度重视，及时组建工作机构

加强组织领导，明确目标责任。各县（市）高度重视、精心组织、科学统筹和安排，成立以市县两级农业农村局局长任组长、分管各站所副局长为副组长、各站所（种子管理站、计财股、农技中心、植保站、经作站、草料站、各乡镇农发中心）负责人为成员的工作领导小组。领导小组下设办公室在市县两级种子管理站，普查与收集工作由种子管理站负责抓落实，领导组下设农作物种质资源普查工作组和资料组。并制定农作物种质资源普查与收集行动实施方案，进一步提高思想认识、明确时间节点、细化工作任务和措施。在此期间认真组织观看全国农作物种质资源保护与利用视频会；积极参与云南农作物种质资源普查办组织的技术培训班；开展动员宣传、研讨、汇报、培训等大小会议共 340 余次。

3.2 积极行动，组建普查组和行动工作组

普查工作组主要职责：通过查阅县统计局、档案局、自然资源局、气象局、县志办、民族宗教事务局等部门资料，分别按照 1956 年、1981 年和 2014 年三个时间节点，完成《第三次全国农作物种质资源普查与收集行动普查表》填写，做好相关普查资料的规范与保管，并按时间节点完成农作物种质资源普查与收集数据填报系统等工作。行动组主要职责：负责粮食、经济、蔬菜、果树、牧草等农作物种质资源野外普查工作，完成《第三次全国农作物种质资源普查与收集行动种质资源收集表》填写、标本材料的收集、整理、协助资料组完成普查数据系统填报等工作。

3.3 加强学习，扎实开展技术培训

根据第三次全国农作物种质资源普查与收集行动官方网站培训资

料，组织开展农作物种质资源普查与收集集中学习培训，针对普查与收集行动过程中出现的技术问题及时进行讨论询问。各县（市）农业农村局及时组织县种子管理站、农业技术推广中心、经作站、草料站、乡镇农发中心主任等相关人员组织召开第三次全国农作物种质资源普查与收集行动工作培训会。

3.4 严格要求，切实加强资金管理

第三次全国农作物种质资源普查与收集资金使用范围包括：与项目实施和管理有关的专用材料费、小型仪器设备购置费、培训费、专用燃料费、印刷费、差旅费、劳务费、专家咨询费、委托业务费等。不得用于人员经费、"三公经费"、大型修缮购置费用、基本建设费用以及其他与种质资源普查无关的支出。地方及非预算单位不得列支会议费。各县农业农村局账务室要严格执行国家财务有关管理规定，专款专用、单独核算，工作完成后将所有发票及其他相关凭据的原件报云南农垦昭通农业投资发展有限责任公司，各县农业农村局用复印件做账，同时将一套完整发票及其他相关凭据的复印件报昭通市种子管理站备案。

3.5 提高认识，积极加强宣传引导

全市各县（市）农业农村局积极组织电视台、报刊、网络等渠道报道，宣传种质资源普查与收集行动的重要意义和主要成果，发放宣传资料 5000 余份，提升全社会参与保护农作物种质资源多样性的意识，确保此次普查与收集行动取得实效，切实推动农作物种质资源保护与利用可持续发展。

4

困难问题

4.1 工作经费不足

市级没有安排工作经费，造成督查检查、培训、宣传等工作没有开展，对普查征集整体工作有一定影响。

4.2 人员力量不足

工作任务重、人员力量不足。近年县（市）技术人员严重不足，各类工作重叠繁重，顾此失彼，疲于应付，目前全市正在集中力量开展扶贫、乡村振兴战、双创和农村人居环境整治等工作，县（市）单位一半以上职工都下派到村和社区并要求驻村开展农村环境卫生整治，种质资源普查与收集工作点多、面广，从而导致工作进度迟缓，工作质量高低不一。

4.3 历史资料不全

历史资料不齐全。全市各任务县（市）集中反映由于各个历史时期对基本情况调查统计侧重点不同，或因在移民搬迁期间或因其他原因造成丢失了部分档案资料，导致部分数据查不到，或查的数据参差不齐，信息的缺失断代，可能导致许多优质本地资源并没有收集到。

4.4 工作启动较晚

启动时间晚，造成工作滞后。部分农作物时节已过，采集的样品图片不完善或部分资源无法采集种子，只能等来年再完善已采集样品图片和资源种子的收集工作。

5 意见建议

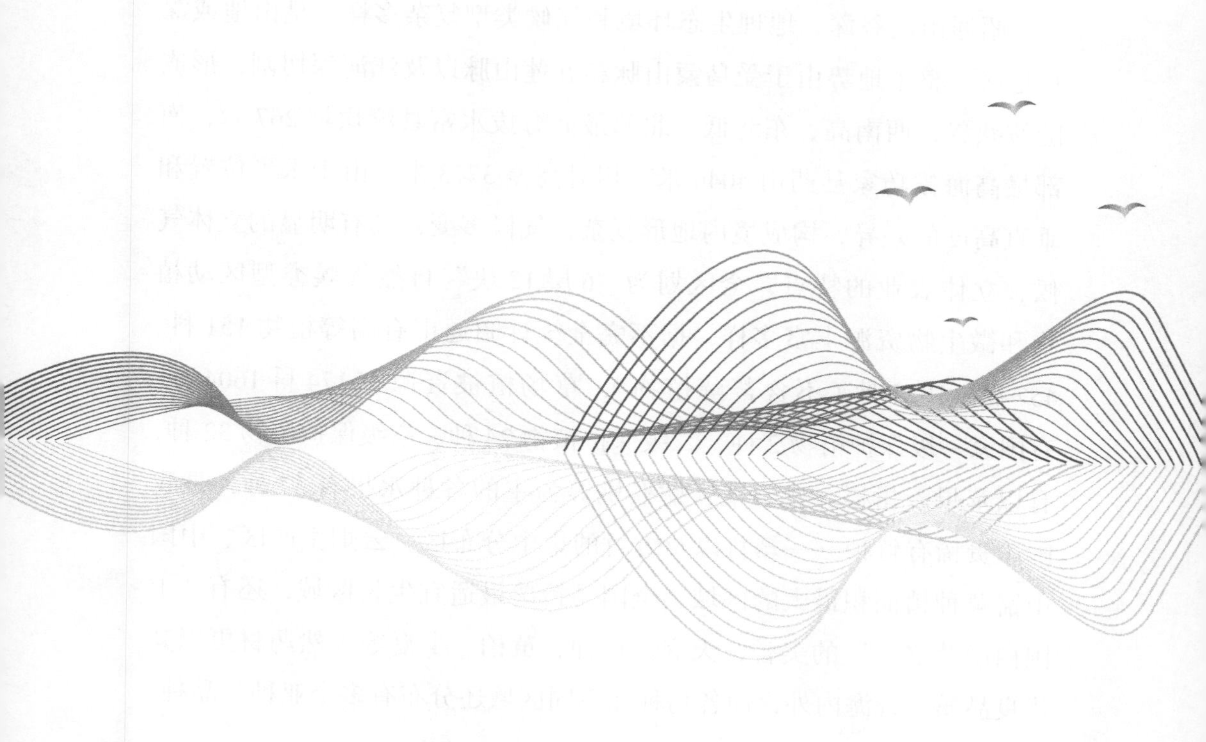

5.1 将种质资源普查和征集列入常态化工作

昭通市气候类型多样，种源非常多，但由于过去对种源保护不够重视，有一些种源的基因就变得不纯了，甚至丢失。并且，由于昭通地域较广，各个地方都有不同的品种品系，这么多种源的具体情况不可能通过一次普查就可以查清楚，许多未知资源还有待普查清楚。因此继续开展农作物种质资源的全面普查和技术性征集与收集，查清农作物种质资源家底，保护携带重要基因的资源十分迫切。制定扶持政策，支持种质资源普查和征集工作纳入财政预算给予稳定的经费保障。

5.2 重点开展野生种质资源的调查和征集工作

昭通山高谷深，地理生态环境和气候类型复杂多样，是山地或深丘地区。整个地势由于受乌蒙山脉和五莲山脉以及江河深切割，形成陡峻峡谷，西南高、东北低，北部最低海拔水富县滚坎坝267米，南部最高海拔巧家县药山4040米，相对高差3773米。由于水平位置和垂直高度的差异，构成境内地形复杂，气候多变，具有明显的立体气候、立体农业的特点，全区划为“6层12块”自然气候类型区动植物和微生物资源丰富多样，据不完全统计昭通市有高等植物151科、457属、1025种（不含苔藓植物），草场植被资源有174科1604种，有国家一级保护植物2种、二级保护植物24种、三级保护植物32种，有以苹果、柑橘、桃、梨、猕猴桃等为主的各种水果有37种，是我国珍贵稀有竹种——筇竹以及方竹的集中分布区、云烟主产区、中国山嵛菜种植面积最大的区域、全国马铃薯最适宜生长区域，还有“中国白魔芋之乡”的美誉，天麻、杜仲、黄柏、半夏等天然药材更以其优良品质享誉海内外，而各物种在不同区域还分布有多个亚种及品种。

因此摸清我市境内野生资源的种类、发布和数量，加以收集保护，为发展生物种业可以提供丰富的物质基因基础，具有重大意义。

5.3　加强农业种质资源库（圃）项目建设

加强规划引领。结合昭通市各地不同气候特点、资源分布情况，科学谋划种业发展规划，精准布局种质资源保护、资源库建设、良种选育、基地扩繁、成果应用等项目，加强用地保障，给予农业种质资源库（圃）用地政策支持，加快推动省级农业种质资源库（圃）建设，组织全市有条件的县（市、区）申报建设一批农业种质资源圃；以昭通市农科院为重点支撑建立一个省级农业种质资源库，建立几个以优异、稀有、古老或具有地方特色的作物种质资源、作物近缘种或野生种为目标对象收集整理的特色苗圃园进行挂牌保护，防止我市具有重要潜在利用价值的种质资源丢失或灭绝，丰富我市农作物种质资源的数量和多样性，能够为未来昭通市生物产业的发展提供源源不断的基因资源，提升种业的竞争力。

5.4　加强种质资源保存与利用

进一步加强种子管理机构建设，建立一支的种质资源收集、保存与利用团队，强化种质资源保护队伍建设，对濒危、珍贵、稀有资源和地方特色品种，尤其是农业野生近缘植物资源实施抢救性收集，构建以库（圃）为核心且上下联动的种质资源保护系统，明确各级各部门责任，高效推进工作，保护好珍稀、濒危、特有资源，推进动态监测和更新繁殖工作。建立完善农作物资源鉴定评价体系，提升种子质量检测评价鉴定总体水平，深度发掘目标性状突出和有育种价值的新种质和育种材料。做好农作物种质库（圃）资源的备案、登记、农艺性状鉴定、生活力监测、繁殖更新、入库保存与分发利用，加强农业种质资源保护基础理论、关键核心技术研究及有关技术的应用，强化科学系统管理，确保资源安全和遗传完整性。不断完善农业种质资源信息服务系统，加快建设农业种质资源交流与利用平台，开展种质资源共享服务。

5.5 强化种质资源基础性公益性研究

围绕现代种业发展要求，结合昭通实际，构建公益性作物育种基础研究平台，给予开展农业种质资源基础性、公益性研究的单位稳定经费投入。组织开展农作物核心育种材料和重要功能基因的筛选、创制、改良，加强抗逆机理、生物安全检测技术研究。重点开展水稻、玉米、麦类、马铃薯等主要粮食作物及茶叶、蔬菜、水果、中药材等我市特有经济作物绿色品种选育和应用技术研究。加快培育推广一批绿色生态、优质安全、多抗广适、高产高效以及特殊专用新品种。

5.6 提高育种科技成果转化效率

充分发挥市场在种业资源配置中的决定性作用，以企业为主体，联合科研院所，开展农作物和畜禽良种联合攻关。引导公益型科研育种单位将科研成果、育种资源、研发人才向种业企业流动。鼓励种业企业与科研院所、高等院校联合组建技术研发平台和产业技术创新战略联盟，提高农作物种业科研的集约度和集成度。支持以种业企业为主体建设成果转化基地，加快种业新品种区域试验及示范基地建设，拓宽种质资源产业转化空间。构建种业科技创新成果交流合作平台，完善商业化育种成果奖励机制，探索品种权转让交易公共平台和农作物种业重大科技成果转化平台建设，建立合理的利益分配机制。促进育种成果向企业转化，给予科研人员合理的报酬和奖励。